单片机原理与应用

主　编　汤泽容　喻奎达

副主编　孙　海　于　兵

重庆大学出版社

内容提要

本书从实际应用入手,以实训过程和实训现象为主导,由浅入深、循序渐进地讲述用 C 语言为 MCS-51 单片机编程的方法、MCS-51 单片机的硬件结构和各种功能应用。本书不同于传统的单片机教材,书中的所有例程均以实训项目为根据,用 C 语言程序分析单片机的工作原理,使读者既能知其然,又能知其所以然,从而帮助读者从实际应用中彻底理解和掌握单片机原理。本书各章末尾附有习题,供学生思考和研究,便于学生加深对本书内容的理解和掌握。

本书可作为高等职业技术学院、高等专科学校有关专业的教材,适合于 MCS-51 单片机的初学者和使用 MCS-51 单片机从事项目开发的技术人员,也可供从事自动控制、智能仪器仪表、电力电子、机电一体化等专业的技术人员参考。

图书在版编目(CIP)数据

单片机原理与应用／汤泽容,喻奎达主编. -- 重庆:
重庆大学出版社,2021.1
ISBN 978-7-5689-2577-8

Ⅰ.①单… Ⅱ.①汤… ②喻… Ⅲ.①单片微型计算
机—高等职业教育—教材 Ⅳ.①TP368.1

中国版本图书馆 CIP 数据核字(2021)第 032267 号

单片机原理与应用

主 编 汤泽容 喻奎达
副主编 孙 海 于 兵
策划编辑 范 琪

责任编辑:李正淑   版式设计:范 琪
责任校对:万清菊   责任印制:张 策

*

重庆大学出版社出版发行
出版人:饶帮华
社址:重庆市沙坪坝区大学城西路 21 号
邮编:401331
电话:(023)88617190 88617185(中小学)
传真:(023)88617186 88617166
网址:http://www.cqup.com.cn
邮箱:fxk@ cqup.com.cn(营销中心)
全国新华书店经销
重庆市正前方彩色印刷有限公司印刷

*

开本:787mm×1092mm 1/16 印张:8.5 字数:220 千
2021 年 1 月第 1 版   2021 年 1 月第 1 次印刷
印数:1—1 000
ISBN 978-7-5689-2577-8 定价:32.00 元

前　言

　　单片机原理与应用是高职高专电子信息类专业的专业课。MCS-51 系列单片机应用广泛,是学习单片机技术较好的系统平台,同时也是单片机应用系统开发的一个重要系列。

　　本书力图兼顾单片机原理与应用的教学重点,并使它们前后承接、相互呼应,突出高等职业技术学院及高等专科学校的教学特色,在编写时,简化理论、突出应用、强化实训,内容深入浅出、通俗易懂。

　　本书共 8 个项目,由重庆工贸职业技术学院汤泽容、喻奎达任主编,孙海、于兵任副主编。具体编写工作如下:汤泽容负责拟订本书的编写方案及编写项目一、二、三、四,喻奎达负责编写项目五、六,孙海负责编写项目七,于兵负责编写项目八。

　　特别感谢重庆工贸职业技术学院领导及同事在教材编写过程中的大力支持和帮助,同时感谢重庆涪陵三 B 电子科技有限公司等企业的帮助和经验交流。由于时间仓促和水平有限,书中不当之处在所难免,恳请使用本书的师生和读者批评指正,在此对本书参考文献的作者表示诚挚的谢意。

编　者
2021 年 6 月

目 录

项目一
流水灯的设计

学习目标

1. 掌握 MCS-51 单片机最小系统
2. 理解 LED 的工作原理
3. 掌握该电路的设计
4. 掌握 KEIL 软件的使用方法
5. 掌握程序的编写

相关理论知识

一、单片机概述

1. 什么是单片机

微型计算机已经进入千家万户,一台完整的计算机系统由以下部分构成:运算器、控制器、存储器、输入/输出设备。这些部分由若干集成电路做成相应功能的板卡,如果你拆开计算机机箱,就会看到一系列大大小小的板卡插在主板上。

单片机就是在一块硅片上集成了微处理器、存储器及各种输入/输出接口的芯片,这样一块芯片就具有了计算机的属性,因而被称为单片微型计算机,简称单片机。单片机除了具备一般微型计算机的功能外,为了增强实时控制能力,绝大部分单片机的芯片上还集成有定时器/计数器,某些增强型单片机还带有 A/D 转换器、D/A 转换器、语音控制、PWM、WDT 等功能部件。单片机在结构上的设计主要是面向控制的需要,因此,它在硬件结构、指令系统和 I/O 能力等方面均有其独特之处,其显著的特点之一就是非常有效的控制功能。所以,单片机不但与一般的微处理器一样,是一个有效的数据处理机,而且还是一个功能很强的过程控制机。

2. 单片机的历史

第一代:20 世纪 70 年代后期,4 位逻辑控制器件发展到 8 位。使用 NMOS(N Channel

Metal-Oxide-Semiconductor,N 沟道金属氧化物半导体）工艺（速度低、功耗大、集成度低）。代表产品:MC6800、Intel 8048。

第二代:20 世纪 80 年代初,采用 CMOS(Complementary Metal-Oxide-Semiconductor,互补金属氧化物半导体）工艺,并逐渐被高速低功耗的 HMOS(High-speed Metal-Oxide-Semiconductor,高速金属氧化物半导体）工艺代替。代表产品:MC146805,Intel 8051。

第三代:近年来,MCU(Micro Controuer Unit) 的发展出现了许多新特点。

①在技术上,由可扩展总线型向纯单片型发展,即只能工作在单片方式。

②在降低功耗、提高可靠性方面,MCU 工作电压已降至 3.3 V。

③MCU 的扩展方式,从并行总线型发展出各种串行总线。

第四代:FLASH 的使用,使 MCU 技术进入了第四代。

3. 单片机的应用领域

目前单片机已经渗透到我们生活、工作的各个方面,几乎所有领域都能找到单片机的踪迹。计算机网络的传输需要单片机、工业自动化控制需要单片机、家用电器也需要单片机。例如,我们日常生活中所用的数字电子秤、医院的血压计,如果加上一些外围电路,就形成了一个完整的应用系统。单片机是一种可通过编程控制的微处理器,单片机芯片自身不能单独运用于某项工程或产品上,它必须依靠外围数字器件和模拟器件的协调才可发挥自身强大的功能。我们需要学习它的外围数字器件及模拟芯片知识,还要学习常用的外围电路设计与调试方法等。

单片机的主要应用领域如下:

①智能仪器仪表

单片机一方面提高了仪器仪表的使用功能和精度,使仪器仪表智能化;另一方面还简化了仪器仪表的硬件结构,从而可以方便地完成仪器仪表产品的升级换代。典型产品如各种智能电气测量仪表、智能传感器等。

②机电一体化产品

机电一体化产品是集机械技术、微电子技术、自动化技术和计算机技术于一体,具有智能化特征的各种机电产品。单片机在机电一体化产品的开发中可以发挥巨大的作用。典型产品如机器人、数控机床、自动包装机、点钞机、医疗设备、打印机、传真机、复印机等。

③实时工业控制

单片机可用于各种物理量的采集与控制。电流、电压、温度、液位、流量等物理参数的采集和控制均可利用单片机方便地实现。在这类系统中,利用单片机作为系统控制器,可以根据被控对象的不同特征采用不同的智能算法,实现期望的控制指标,从而提高生产效率和产品质量。典型应用如电机转速控制、温度控制、自动生产线等。

④家用电器

家用电器是单片机的又一重要应用领域,前景十分广阔。如空调器、电冰箱、洗衣机、电饭煲、高档洗浴设备、高档玩具等。

另外,在交通领域中,汽车、火车、飞机、航天器等均有单片机的广泛应用。如汽车自动驾驶系统、航天测控系统、黑匣子等。

二、MCS-51 内部组成及信号引脚

MCS-51 系列单片机的典型芯片有 8031,8051,8751,89C51。该系列除具有不同的 ROM 外,它们的内部结构及引脚完全相同,这里以 8051 为例,说明该系列单片机的内部组成及信号引脚。

1.8051 单片机的基本组成

MCS-51 单片机的基本组成框图如图 1.1 所示。

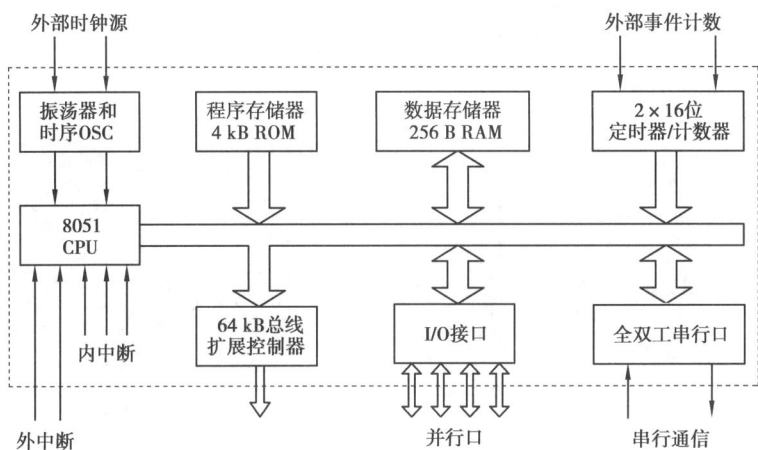

图 1.1　MCS-51 单片机的基本组成框图

1)中央处理器(CPU)

中央处理器是单片机的核心,由运算器和控制器等部件组成。运算器包括 8 位算术和逻辑运算单元(ALU)、8 位暂存器、8 位累加器(ACC)、寄存器 B 和程序状态寄存器(PSW)等。控制器包括程序计数器(PC)、指令寄存器(IR)、指令译码器(ID)、振荡器及定时电路等。

2)内部数据存储器(内部 RAM)

8051 芯片中共有 256 个 RAM 单元,后 128 个单元被专用寄存器占用,所以能作为寄存器供用户使用的只有前 128 个单元,用于存放可读/写的数据。因此通常所说的内部数据存储器就是指前 128 个单元。

3)内部程序存储器(内部 ROM)

8051 共有 4 kB 掩膜 ROM,用于存放程序、原始数据或表格,因此,被称为程序存储器。

4)定时/计数器

8051 共有两个 16 位的定时/计数器,可实现定时或计数功能,并以其定时或计数结果对计算机进行控制。

5)并行 I/O 口

8051 共有 4 个 8 位的 I/O 口(P0,P1,P2,P3),可实现数据的并行输入/输出。

6)串行口

8051 单片机有一个全双工的串行口,可实现单片机和其他设备之间的串行数据传送。该

串行口功能较强,既可作为全双工异步通信收发器使用,也可作为同步移位器使用。

7)中断控制系统

8051 单片机的中断功能较强,可满足控制应用的需要。8051 共有 5 个中断源,即外中断2 个、定时/计数中断 2 个、串行口中断 1 个。全部中断分为高级和低级两个优先级别。

8)时钟电路

8051 芯片的内部有时钟电路,但石英晶体和微调电容需外接。时钟电路为单片机产生时钟脉冲序列。系统允许的晶振频率一般为 6 MHz、11.059 2 MHz 和 12 MHz。

2.8051 单片机的内部结构

8051 单片机的内部结构如图 1.2 所示。

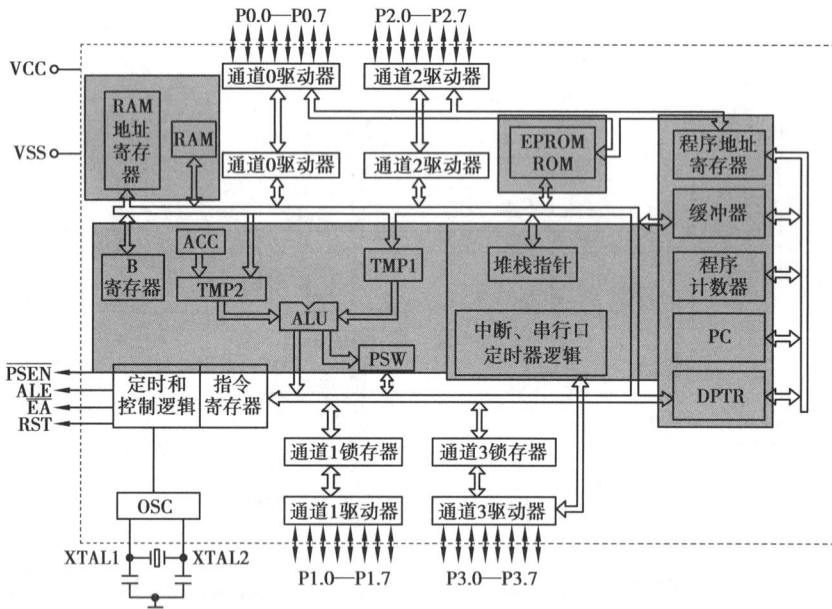

图 1.2 8051 单片机的内部结构图

3.8051 的信号引脚

8051 是标准的 40 引脚双列直插式集成电路芯片,引脚如图 1.3 所示。

将 40 个引脚按其功能分成三类:

①电源、复位和时钟引脚:如 VCC,VSS,RST,XTAL1,XTAL2(需掌握)。

②编程控制引脚。如 RST,$\overline{PSEN}$,ALE,$\overline{EA}$(了解即可)。

③I/O 口引脚。如 P0,P1,P2,P3,4 组 8 位 I/O 口(需掌握)。

VCC(40 脚)、VSS(20 脚)——单片机电源引脚,不同型号单片机接入对应电压电源,常压为 +5 V,低压为 +3.3 V,读者在使用时需要查阅芯片对应文档。

XTAL1(19 脚)、XTAL2(18 脚)——外接时钟引脚。XTAL1 为片内振荡电路的输入端,XTAL2 为片内振荡电路的输出端。8051 的时钟有两种方式:一种是片内时钟振荡方式,需要在这两个引脚外接石英晶体和振荡电容,振荡电容的取值一般为 10 ~ 30 pF;另一种是外部时钟方式,即将 XIAL1 接地,外部时钟信号从 XTAL2 脚输入。片内振荡、片外振荡电路图如图1.4 所示。

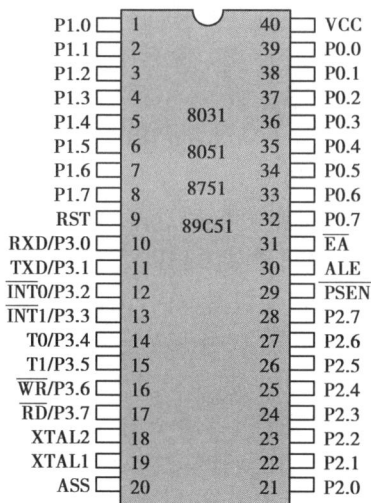

图 1.3　8051 的引脚图

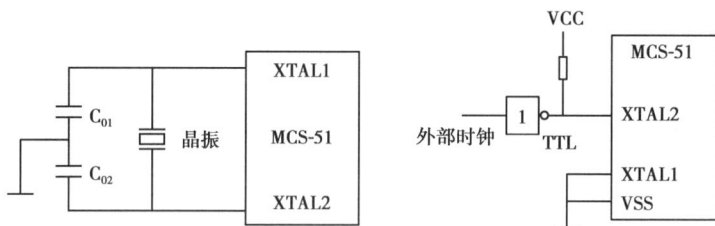

图 1.4　8051 的时钟振荡电路图

RST(9 脚)——单片机的复位引脚。当连续输入两个机器周期以上高电平时为有效,用来完成单片机的复位初始化操作,复位后程序计数器 PC = 0000H,即复位后将从存储器的0000H 单元读取第一条指令码,也就是说,单片机从头开始执行程序。复位有两种方式:上电复位和按键电平复位,如图 1.5 所示。

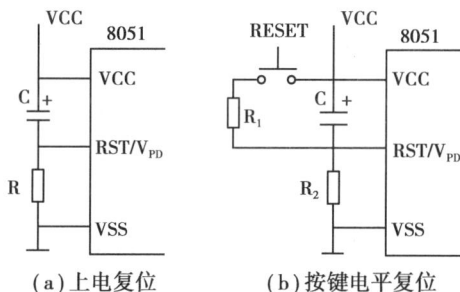

（a）上电复位　　　　　（b）按键电平复位

图 1.5　单片机复位电路

PSEN(29 脚)——程序存储器允许输出控制端。在读外部程序存储器时此端低电平有效,以实现外部程序存储器单元的读操作,由于现在使用的单片机内部已经有足够大的 ROM,所以几乎不需要再去扩展外部 ROM,因此这个引脚只需了解即可。

ALE(30 脚)——在单片机扩展外部 RAM 时,ALE 用于控制把 P0 口的输出低 8 位地址锁存器锁存起来,以实现低位地址和数据的隔离。ALE 既可以是高电平也可以是低电平。当

ALE 为高电平时,允许地址锁存信号,当访问外部存储器时,ALE 信号负跳变将 P0 口上低 8 位地址信号送入锁存器;当 ALE 为低电平时,P0 口上的内容和锁存器输出一致。$\overline{PROG}$ 为编程秒冲的输入端,单片机的内部有程序存储器(ROM),它的作用是用来存放用户需要执行的程序,那么我们怎样才能将写好的程序存入 ROM 中呢? 实际上,我们是通过编程脉冲输入才写进去的,这个脉冲的输入端口就是 $\overline{PROG}$。现在有很多单片机已经不需要编程脉冲引脚往内部写程序了,比如 STC 单片机,它可以直接通过串口往里面写程序。现在的单片机内部都已经带有丰富的 RAM,所以也不需要再扩展 RAM 了。

$\overline{EA}$(31 脚)——$\overline{EA}$ 接高电平时,单片机读取内部程序存储器。当扩展有外部 ROM 时,单片机读取完内部 ROM 后自动读取外部 ROM;$\overline{EA}$ 接低电平时,单片机直接读取外部 ROM。8031 单片机内部是没有 ROM 的,所以在使用 8031 单片机时,这个引脚是一直接低电平的。8751 单片机烧写内部 EPROM 时,利用此引脚输入 21 V 的烧写电压。我们现在使用的单片机都有内部 ROM,所以在设计电路时此引脚始终接高电平。

P0 口(39—32 脚)——双向 8 位三态 I/O 口,每个口可独立控制。51 单片机 P0 口内部没有上拉电阻,为高阻态,所以不能输出高/低电平,因此该组 I/O 口在使用时务必外接上拉电阻,一般选择 10 kΩ 的电阻。当 P0 口作为一般 I/O 口时是准双向口;当作为地址/数据的功能时是双向口。

(1)通用接口功能

当 CPU 使控制端 C = 0 时,转换开关 MUX 下合,使输出驱动器 T2 与锁存器 $\overline{Q}$ 端接通,这时 P0 作为一般 I/O 口使用。C = 0 使与门输出为 0,使 T1 截止输出端工作在漏极开路的方式。

P0 口作为输出时,锁存器 CP 端加一写脉冲,与内部总线相连的 D 端数据取反后出现在 $\overline{Q}$ 端,又经 T2 反相,在 P0 引脚上出现的数据正好是内部总线上的数据。

P0 口作为输入时,三态缓冲器打开,端口引脚上的数据读到内部总线。在端口进行读入引脚状态前,先向端口锁存器写入一个"1",使 $\overline{Q}$ = 0,此时 T1 和 T2 都截止,端口引脚处于高阻状态,可见 P0 口作为通用接口是一种准双向口。

(2)地址/数据分时复用功能

MCS-51 单片机有专门的地址、数据线,这个功能由 P0,P2 口承担。当 P0 口作为地址/数据分时复用总线时,有两种情况:一是从 P0 口输入数据;二是从 P0 口输出地址或数据。当访问片外存储器时,控制端 C = 1,转换开关上合。其结构如图 1.6 所示。

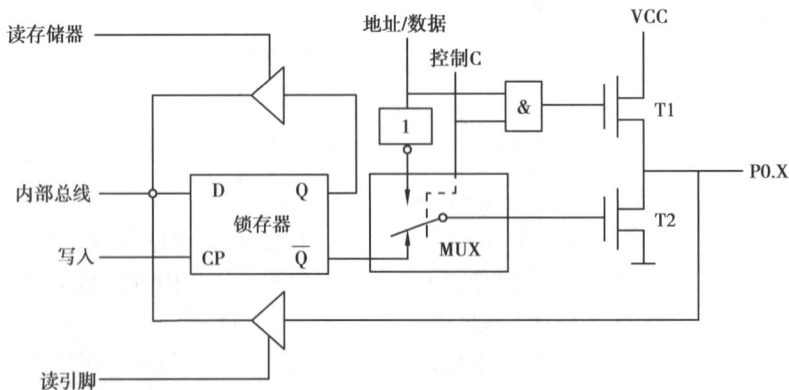

图 1.6　P0 口结构图

P1 口(1—8 脚)——准双向 I/O 口,每个口可独立控制,内带上拉电阻,这种接口没有高阻状态,输入不能锁存,故不是真正的双向 I/O 口,结构如图 1.7 所示。

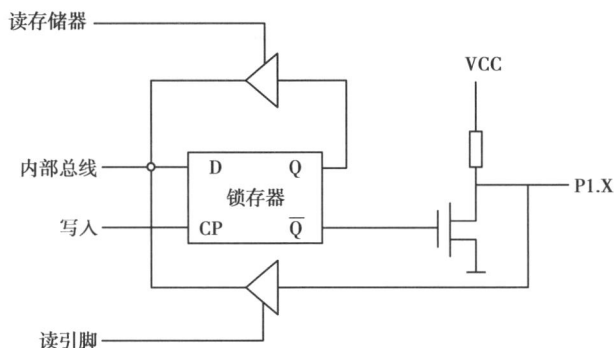

图 1.7 P1 口结构图

P2 口(21—28 脚)——准双向 8 位 I/O 口,每个口可独立控制,内带上拉电阻,与 P1 口相似。其结构如图 1.8 所示。

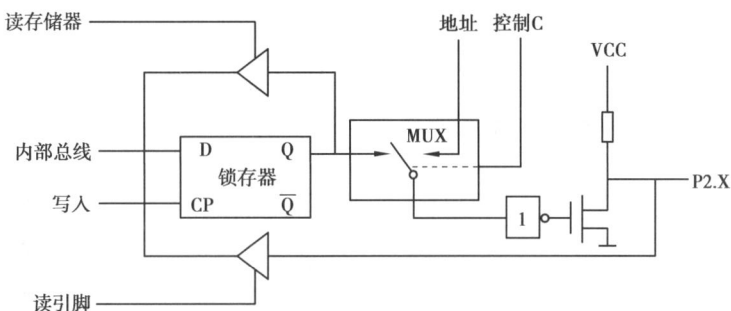

图 1.8 P2 口结构图

P3 口(10—17 脚)——准双向 I/O 口,每个口可独立控制,内带上拉电阻。作为一般 I/O 口使用时,与 P_1 相似(图 1.9);作为第二功能使用时,各引脚的定义如表 1.1 所示。

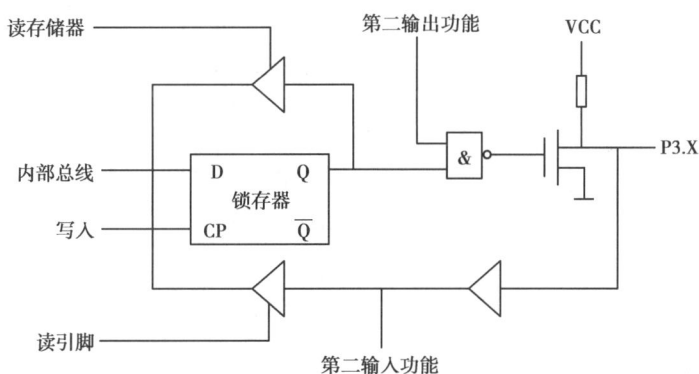

图 1.9 P3 口结构图

表 1.1　P3 口各引脚第二功能定义

P3 口的位	第二功能	注释
P3.0	RXD	串行数据接收口
P3.1	TXD	串行数据发送口
P3.2	$\overline{INT0}$	外中断 0 输入
P3.3	$\overline{INT1}$	外中断 1 输入
P3.4	T0	计数器 0 计数输入
P3.5	T1	计数器 1 计数输入
P3.6	$\overline{WR}$	外部 RAM 写选通信号(输出)
P3.7	$\overline{RD}$	外部 RAM 读选通信号(输出)

4.单片机最小系统的构成

单片机实际应用都是基于最小系统来构成的,所以需要掌握最小系统,以便更好地学习单片机。它是由单片机芯片、复位电路、晶振电路、电源组成的。如图 1.10 所示。

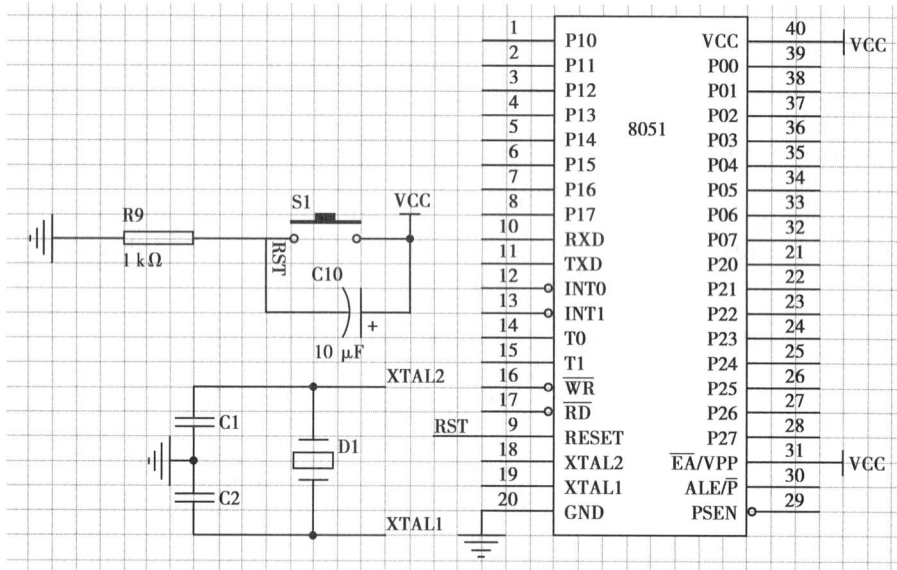

图 1.10　单片机最小系统

5.单片机时序

为了对 CPU 时序进行分析,首先要为它定义一种能够度量各时序信号出现时间的尺度。这个尺度常常称为时钟周期、机器周期和指令周期。

1)时钟周期

时钟周期 T 又称为振荡周期,其频率通常为晶振的频率。时钟周期是时序中最小的时间单位,是计算机的基本工作周期。每两个时钟周期称为一个状态 S,每个状态又分为 P1 和 P2 两拍。

2)机器周期

CPU 完成一种基本操作所需要的时间称为机器周期。MCS-51 单片机的一个机器周期由 12 个振荡周期构成,分为 6 个 S 状态:S1~S6。因此,一个机器周期中的 12 个振荡周期表示为 S1P1,S1P2,S2P1,S2P2,…,S6P2。

3)指令周期

执行一条指令所需的时间称为指令周期。由于机器执行不同指令所需的时间不同,因此不同指令所包含的机器周期数也不同。占用一个机器周期的指令称为单周期指令,占用两个机器周期的指令称为双周期指令。在 MCS-51 单片机中,有单周期指令、双周期指令和四周期指令。根据指令的周期数可以计算出执行指令所需的时间。

三、发光二极管(LED)的工作原理

发光二极管具有单向导电性,通过 5 mA 左右的电流即可发光,电流越大,其亮度越强,如果电流过大,会烧坏二极管,一般控制在 3~20 mA,为了限流可接一电阻。发光二极管能工作的接法:阳极接高电平,阴极接低电平。怎样辨别阳极与阴极? 对于直插式发光二极管来讲,长脚为阳极,短脚为阴极。二极管如图 1.11 所示。

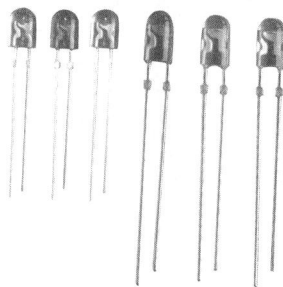

图 1.11 直插式发光二极管

四、KEIL 软件的使用

1. KEIL 工程的建立

进入 KEIL 后,紧接着出现编辑界面,如图 1.12 所示。

图 1.12 启动 KEIL 软件

（1）建立一个新工程，单击【Project】菜单中的【Create New Project...】选项，如图 1.13 所示。

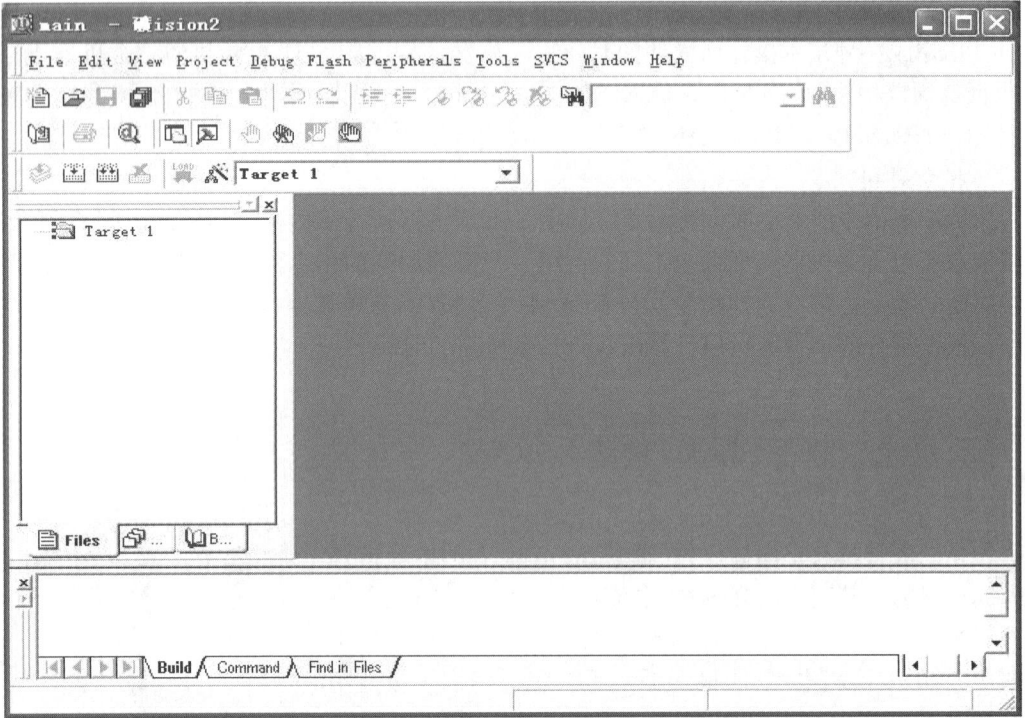

图 1.13　进入 KEIL 软件后的编辑画面

（2）选择工程要保存途径，输入工程文件名。为了便于管理，通常一个工程存放在一个文件夹下，然后单击【保存】按钮，如图 1.14 所示。

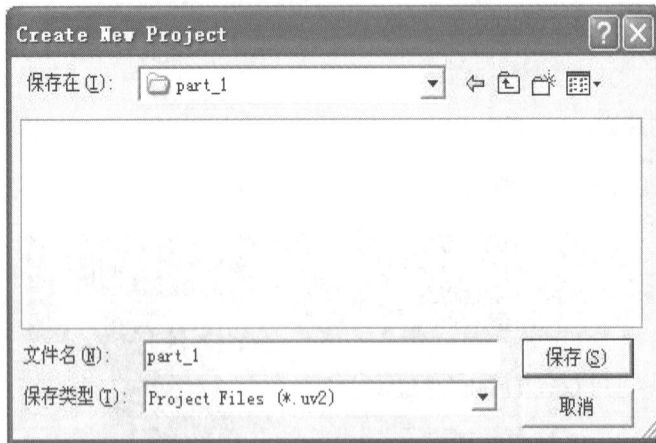

图 1.14　保存工程

（3）弹出对话框，要求用户选择单片机的型号，可以根据用户使用的单片机来选择，如图 1.15 所示。

（4）完成后，界面如图 1.16 所示。

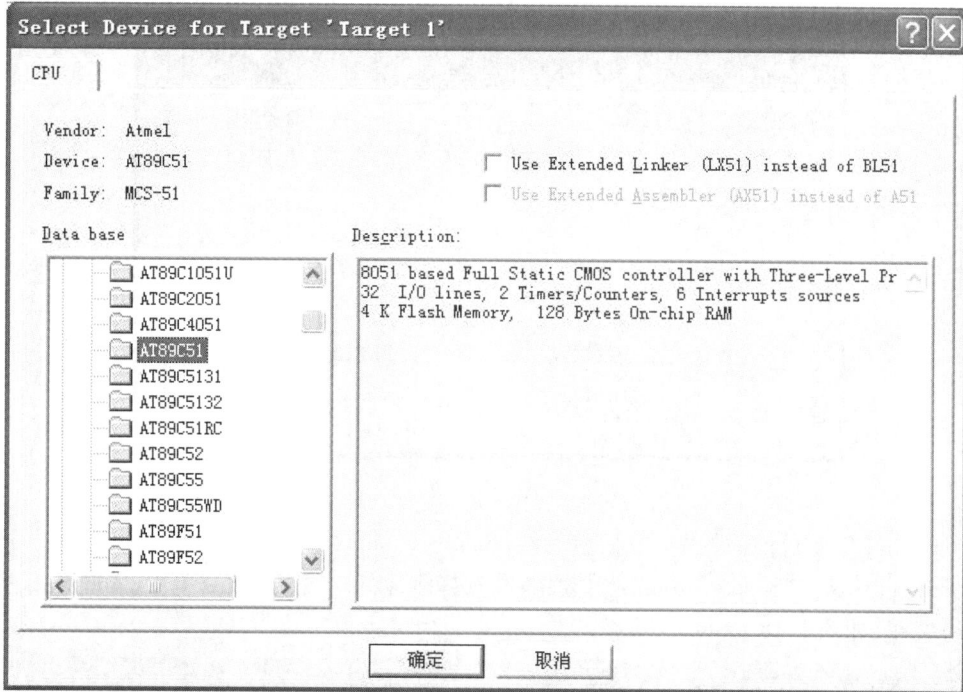

图 1.15 选择单片机类型

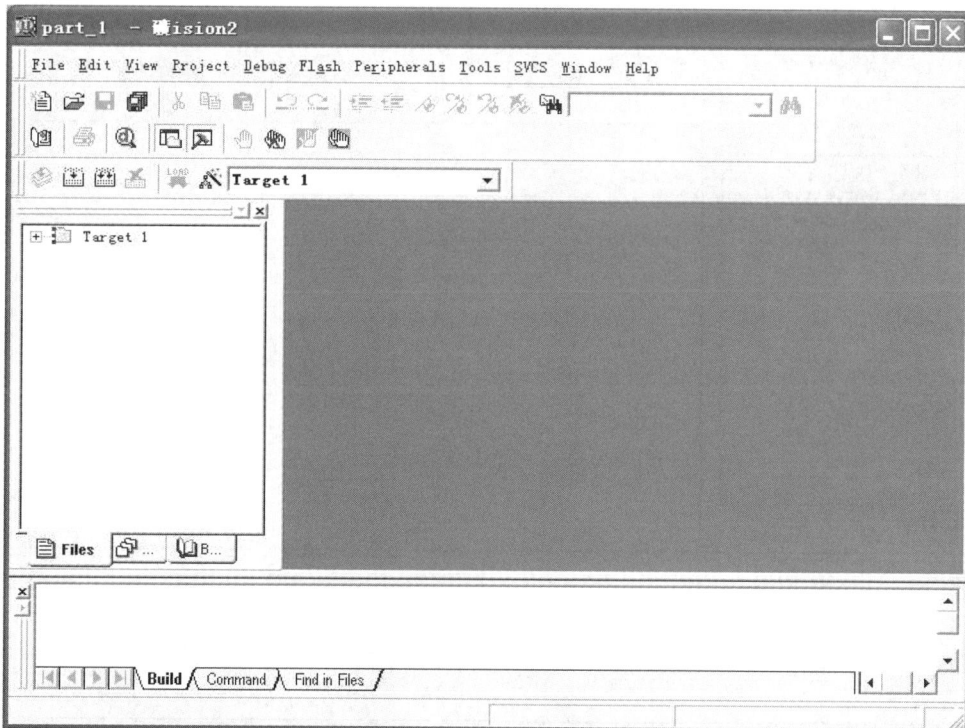

图 1.16 添加完单片机后的界面

（5）单击【File】中的【New】菜单，然后保存为.c 的文件，如图 1.17 所示。

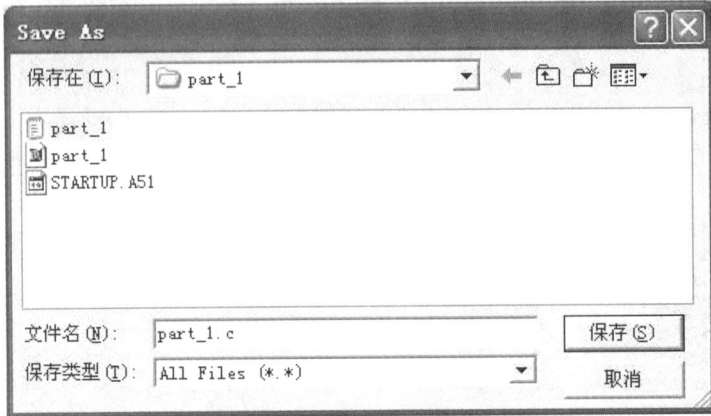

图 1.17 保存文件

（6）单击【Target】前面的"＋"号，然后在【Source Group 1】选项上右击，在快捷菜单中选择【Add Files to Group 'Source Group 1'】菜单项，选择刚才的.c 文件，然后单击【Add】，接着单击【Close】按钮，如图 1.18 所示。

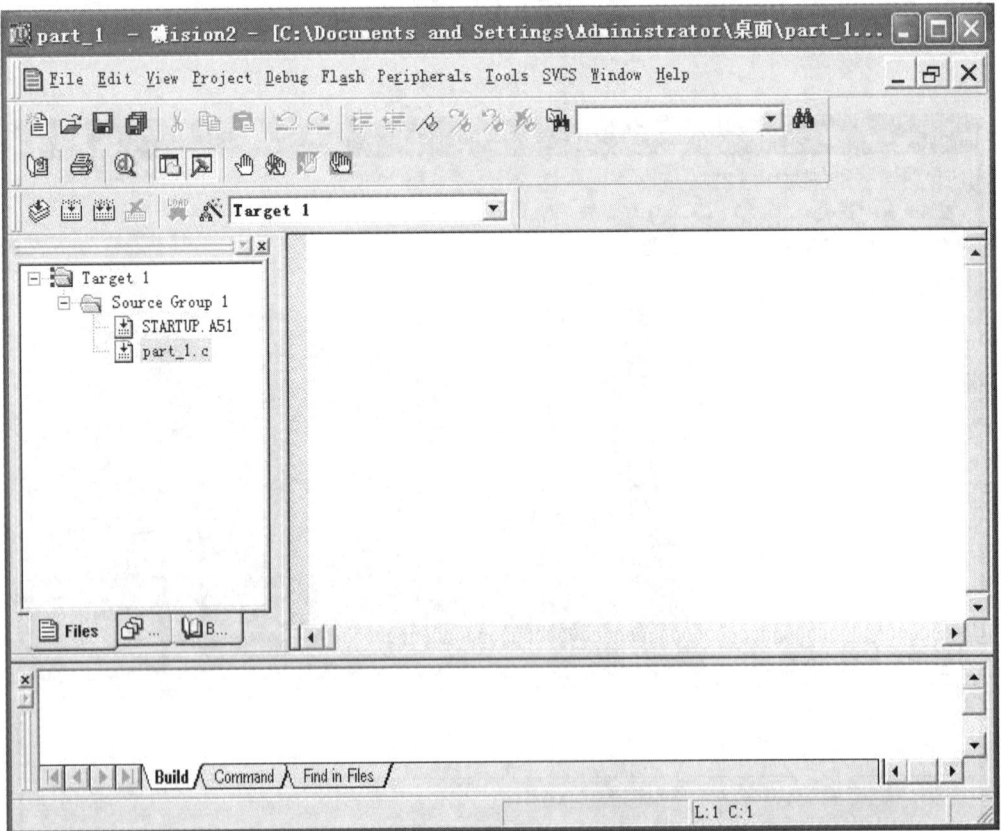

图 1.18 进入编辑界面

2. 按钮的介绍

:用于编译正在操作的文件。

:用于编译修改过的文件,并生成应用程序供单片机下载。

:用于重新编译当前工程中的所有文件,并生成应用程序供单片机直接下载。当有多个文件时,可以使用此按钮进行编译。编译过后的界面如图 1.19 所示。

:用于设置选项。常用的有设置单片机频率,生成 hex 文件,供单片机下载。

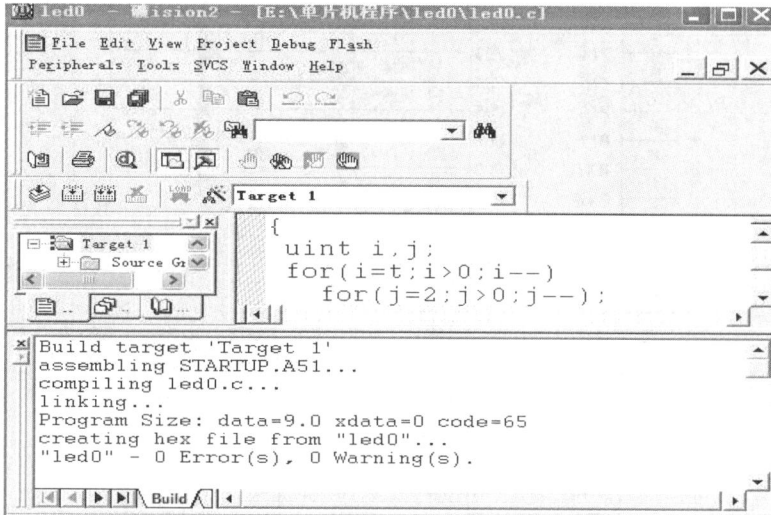

图 1.19　编译通过界面

3. 调试模式

调试模式窗口如图 1.20 所示,此模式可以软件仿真。

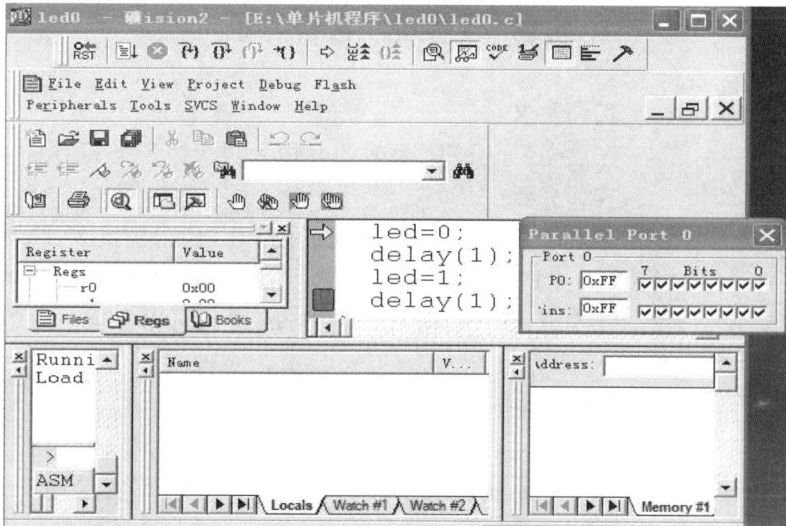

图 1.20　调试运行程序

五、实训电路

实训电路如图 1.21 所示。电路基于单片机最小系统,J1 是排阻。

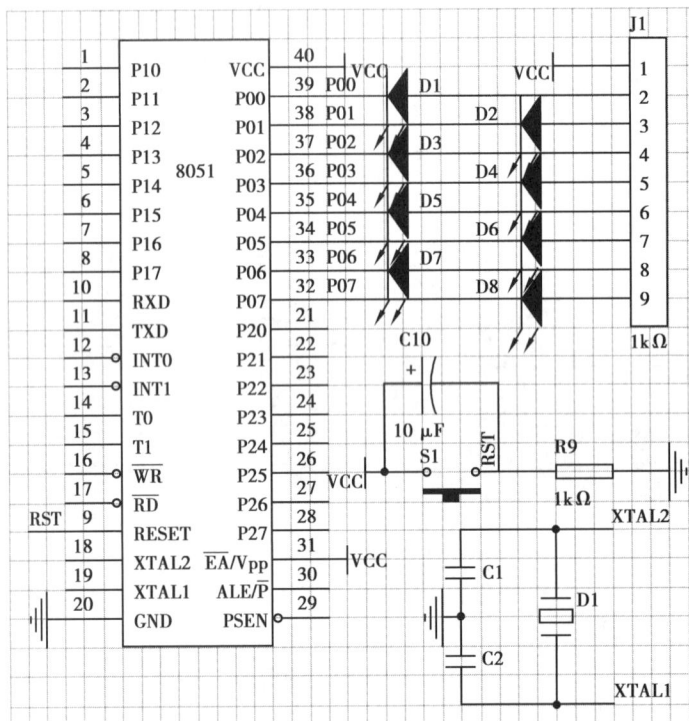

图 1.21　实训电路图

实训一　发光二极管闪烁

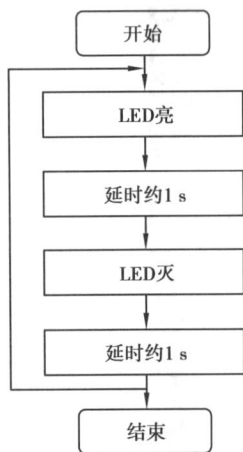

图 1.22　程序流程图

实训要求

先点亮 8 个 LED,延时约 1 s 后,再灭掉 8 个 LED,一直循环闪烁。

实训分析

根据电路可知,LED 的阴极接 P0 口,阳极接 VCC,如果要点亮 8 个 LED,让 P0 口输出低电平即可;如果 LED 熄灭,让 P0 口输出高电平。要实现延时,根据 C 语言的 for 语句可以实现。程序流程图如图 1.22 所示。

程序设计

```
#include <reg51.h>              //51 单片机头文件
#define uint unsigned int       //宏定义
#define uchar unsigned char     //宏定义
void delay(uint t)              //延时函数
```

14

```
    }
    uint i,j;
    for( i = t;i > 0;i − − )
    {
        for( j = 114;j > 0;j − − );
    }
}
void main( )                                    //主函数
{
    while(1)                                    //大循环
    {
        P0 = 0;                                 //8 个发光二极管亮
        delay(1000);                            //延时约 1 s
        P0 = 0xff;                              //8 个发光二极管灭
        delay(1000);                            //延时约 1 s
    }
}
```

实训现象

将程序的 hex 文件下载在单片机内,下载界面如图 1.23 所示。8 个发光二极管全亮,大约 1 s后全灭,大约 1 s 后全亮,一直循环。

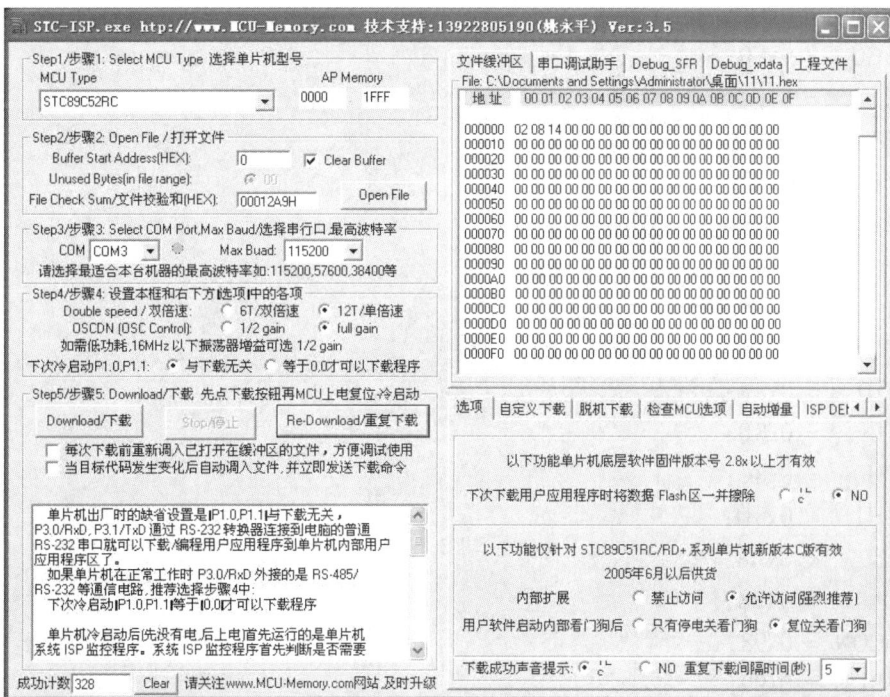

图 1.23　下载界面

程序解释

①#include ＜reg51.h＞;reg51.h 为 51 单片机的头文件,引用头文件就是将这个头文件中的全部内容放到引用头文件的位置,以后免去每次编写同类型程序都要将头文件中的语句重新编写。51 单片机头文件内容如下所示。

```
/* ——————————————————————————————————————————————————
REG51.H


Header file for generic 80C51 and 80C31 microcontroller.
Copyright(c)1988 – 2002 Keil Elektronik GmbH and Keil Software,Inc.
All rights reserved.

——————————————————————————————————————————————————*/


#ifndef __REG51_H__
#define __REG51_H__


/*    BYTE Register    */
sfr P0      = 0x80;
sfr P1      = 0x90;
sfr P2      = 0xA0;
sfr P3      = 0xB0;
sfr PSW     = 0xD0;
sfr ACC     = 0xE0;
sfr B       = 0xF0;
sfr SP      = 0x81;
sfr DPL     = 0x82;
sfr DPH     = 0x83;
sfr PCON    = 0x87;
sfr TCON    = 0x88;
sfr TMOD    = 0x89;
sfr TL0     = 0x8A;
sfr TL1     = 0x8B;
sfr TH0     = 0x8C;
sfr TH1     = 0x8D;
sfr IE      = 0xA8;
sfr IP      = 0xB8;
sfr SCON    = 0x98;
sfr SBUF    = 0x99;
```

```
/ *    BIT Register   * /
/ *    PSW     * /
sbit CY    = 0xD7;
sbit AC    = 0xD6;
sbit F0    = 0xD5;
sbit RS1   = 0xD4;
sbit RS0   = 0xD3;
sbit OV    = 0xD2;
sbit P     = 0xD0;


/ *    TCON    * /
sbit TF1   = 0x8F;
sbit TR1   = 0x8E;
sbit TF0   = 0x8D;
sbit TR0   = 0x8C;
sbit IE1   = 0x8B;
sbit IT1   = 0x8A;
sbit IE0   = 0x89;
sbit IT0   = 0x88;


/ *    IE     * /
sbit EA    = 0xAF;
sbit ES    = 0xAC;
sbit ET1   = 0xAB;
sbit EX1   = 0xAA;
sbit ET0   = 0xA9;
sbit EX0   = 0xA8;


/ *    IP     * /
sbit PS    = 0xBC;
sbit PT1   = 0xBB;
sbit PX1   = 0xBA;
sbit PT0   = 0xB9;
sbit PX0   = 0xB8;


/ *    P3     * /
sbit RD    = 0xB7;
sbit WR    = 0xB6;
sbit T1    = 0xB5;
```

```
sbit T0   = 0xB4;
sbit INT1 = 0xB3;
sbit INT0 = 0xB2;
sbit TXD  = 0xB1;
sbit RXD  = 0xB0;


/*   SCON   */
sbit SM0  = 0x9F;
sbit SM1  = 0x9E;
sbit SM2  = 0x9D;
sbit REN  = 0x9C;
sbit TB8  = 0x9B;
sbit RB8  = 0x9A;
sbit TI   = 0x99;
sbit RI   = 0x98;


#endif
```

②#define uint unsigned int:宏定义。就是用 uint(可根据读者自行编写)代替 unsigned int,使得程序书写方便、简单。

③void delay(uint t)
```
{
  uint i,j;
  for(i = t;i >0;i − −)
   {
     for(j =114;j >0;j − −);
   }
}
```

采用 for 实现延时。如果 t =100,此时执行第一个 for 语句,条件满足执行第二个 for 语句,此时第二个 for 语句需要执行 114 时,才退出循环,回到第一个 for 语句处,继续判断,条件满足,就再执行 114 第二个循环,直到条件不满足,这样就可以让单片机跑空程序来浪费时间,进而实现延时。C 语言编写程序的延时不太精确,如果需要精确的时间,可以根据单片机内部的定时器来做,一般的延时就可采用 for 来实现,如果需要知道其延时了多长时间,就可以进入调试模式进行计算。如图 1.24 所示,注意观察 sec 前后的值,值得注意的是,根据晶振频率不同则时间不同,这样就可以得到精确的延时时间。

④P0 =0;这是条赋值语句,将“0”的十六进制数赋给 P0 口,这样就可以根据 P0 的状态,发光二极管实现全亮。

⑤while(1)
```
{

}
```

While 语句的表达式为 1,也就是为真,就会执行下面的语句。此语句的作用是实现大循环,也就是说发光二极管从全亮,延时一会儿后,全灭,延时一会儿后,又全亮,不停地执行下去。

⑥void main( )｛｝:主函数,每个程序有且仅有一个主函数,程序是从主函数开始执行的,void 表示"空"类型,即不带返回值。无参数表示该函数不带任何参数,也可在括号内写上 void,即 void main(void)。

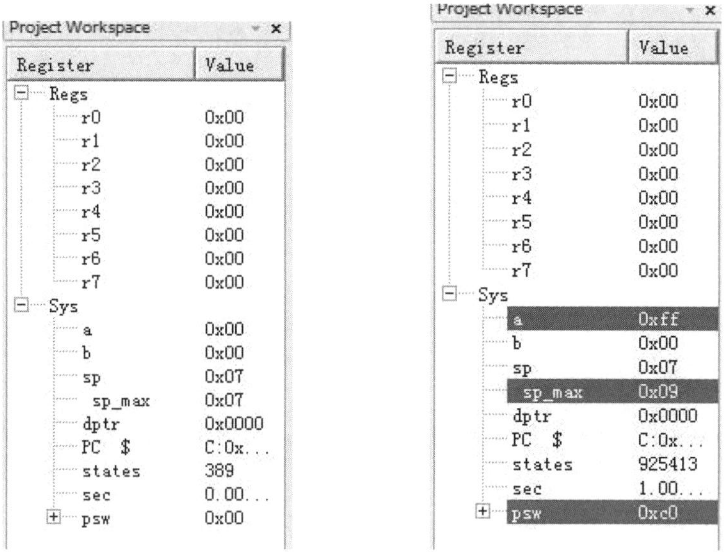

图 1.24　a 为运行前,b 为运行后

实训二　循环点亮流水灯

实训要求

为了实现流水效果,最开始是 D1 亮,延时一段时间后,只有 D2 亮,再延时一段时间后,只有 D3 亮,一直到只有 D8 亮。

实训分析

为了既要实现循环点亮,还要使单片机程序运行高效,我们采用移位操作。移位操作在单片机中应用很多,希望读者掌握。

程序设计

```
#include  <reg51. h>              //51 单片机头文件
#define uint unsigned int         //宏定义
#define uchar unsigned char       //宏定义
void delay( uint t)               //延时函数
{
  uint i,j;
  for( i = t;i >0;i − −)
  {
```

19

```
            for( j = 114 ; j > 0 ; j − − ) ;
        }
    }
    void main( )                                    //主函数
    {
        while( 1 )
        {
            uchar i ;
            for( i = 0 ; i < 8 ; i + + )
            {
                P0 = ~ ( 1 < < i ) ;                //循环点亮 8 个发光二极管
                delay( 1000 ) ;
            }
        }
    }
```

实训现象

将程序的 hex 文件下载至单片机内,8 个发光二极管实现流水效果,循环点亮发光二极管。

程序解释

```
for( i = 0 ; i < 8 ; i + + )
        {
                P0 = ~ ( 1 < < i ) ;
                delay( 1000 ) ;
        }
```

此语句实现移位操作。当 i = 0 时,P0 = 1111 1110,对应的现象是最低位发光二极管点亮,延时一段时间后,当 i = 1 时,此时 P0 = 1111 1101,对应的现象是次低位发光二极管点亮,直到 i = 7 时,P0 = 0111 1111,对应的现象是最高位发光二极管点亮,这样就能实现移位。单片机执行移位操作时程序运行高效。

实训三　依次点亮流水灯

实训要求

程序下载进单片机后,D1 亮,延时一会儿后,D2 亮,并且 D1 仍然亮,再延时后,D3 亮,到最后是全亮,一直循环。

实训分析

本实训要实现依次点亮,可以采用 C 语言的数组来实现,因为使用数组比较方便简单。程序的 tab[0]也就是 0xfe,然后赋给 P0 口显示。

程序设计

```
#include <reg51.h>                                //51 单片机头文件
#define uint unsigned int                          //宏定义
#define uchar unsigned char                        //宏定义
uchar code tab[] = {0xfe,0xfc,0xf8,0xf0,0xe0,0xc0,0x80,0x00};
void delay(uint t)                                 //延时函数
{
  uint i,j;
  for(i=t;i>0;i--)
  {
    for(j=114;j>0;j--);
  }
}
void main()
{
  uchar i;
  while(1)
  {
    for(i=0;i<8;i++)
    {
      P0 = tab[i];
      delay(1000);
    }
  }
}
```

实训现象

将程序的 hex 文件下载至单片机内,8 个发光二极管依次点亮。

程序解释

①uchar code tab[] = {0xfe,0xfc,0xf8,0xf0,0xe0,0xc0,0x80,0x00};

利用数组,把每种情况下的十六进制数装进数组里。

②P0 = tab[i];:把数组里的数据赋给 P0 口。如果 i=0 时,此时 tab[0] 就是数组第 1 个元素,即 0xfe。值得注意的是,调用数组时,tab 后面中括号的数字是从 0 开始的,对应后面大括号里第 1 个元素。

实训总结

以上三个实训项目是由最小系统搭建而成的发光二极管电路,介绍了怎样来编写程序。通过实训操作,使读者更加深刻地掌握单片机的最小系统,以及如何采用 C 语言来编写程序。

思考题

1. 请举出一个单片机应用的例子,并说明单片机在系统中的作用。

2. 查阅相关资料,说一说常用的单片机生产厂商和型号有哪些。

3. PC 机和单片机都是微型机,两者有什么区别?

4. 51 单片机的 I/O 口有什么特点?

5. 51 单片机的引脚中有多少根 I/O 线? 它们与单片机对外的地址总线和数据总线之间有什么关系? 其他地址总线和数据总线各有多少位? 对外可寻址的地址空间有多大?

6. 简述控制器的主要组成和作用。

7. PC 是什么寄存器? 是否属于特殊功能寄存器? 它有什么作用?

8. 什么叫总线? 总线可分为哪几种? 采用总线结构有什么好处?

9. 单片机的 P3 口为双特性 I/O 接口,请叙述每一个接口的作用。

10. 单片机最小系统有哪些器件组成? 在单片机最小系统中,EA 端口为什么接高电平?

11. 叙述单片机节拍、机器周期、指令周期的关系。

12. 指令 sbit LED = P0 ^ 0 中,LED 和单片机内部的 P0 ^ 0 位、P0 ^ 0 引脚有什么关系?

13. 编制一个循环闪烁的程序:有 8 个发光二极管,每次其中某个灯闪烁点亮 10 次后,转到下一个闪烁 10 次,循环不止。

项目二
数码管显示原理及实现

学习目的

1. 掌握定时器的使用
2. 掌握中断的使用
3. 掌握数码管显示原理
4. 掌握数码管静态扫描与动态扫描的程序设计

相关理论知识

一、中断的概述

什么是中断？对于初学者来说,中断这个概念比较抽象,其实单片机的处理系统与人的一般思维有着许多相似之处,在日常生活和工作中有很多类似的情况。中断是为使单片机能够对外部或内部随机发生的事件实时应对处理而设置的,中断功能的存在,很大程度上提高了单片机处理外部或内部事件的能力。它也是单片机最重要的功能之一,是学习单片机必须掌握的。

1. 中断概念

为了让读者更好地理解中断概念,现举例说明:你在家看电视,突然听见门铃响了,此时,你应该中止看电视,去开门,是收电费的,付钱完了之后,回来继续看电视。这个简单的过程实际上就是一次中断。

中断是指单片机在执行当前的操作时,由于外部或内部种种原因,使得单片机不得不停止当前的操作,转而去执行相应的处理程序,等处理完后,再回来继续执行被中止的原程序的过程。

我们再来看刚才的事例,与 51 单片机结合起来分析:你的任务是看电视,门铃响是中断申请,这一时刻相当于断点处,你响应中断去开门,然后付钱,这实际上就是处理中断程序,付钱完成后再回来继续看电视,相当于处理完中断程序后再返回主程序继续执行主程序。需要注

23

意的是,门铃响是随机的,但是一旦响了,你就要立即去处理,处理完后继续接着看电视。单片机在执行程序时,中断也随时可能发生,只要发生,单片机将立即中止当前的程序,马上处理中断程序,处理完中断程序后再返回刚才被中止处继续执行原来的程序。

2. 中断源

中断源是指引起单片机中断的根源。中断源向 CPU 提出中断请求,CPU 暂时中断原来的程序,转去处理中断程序,处理完后,再回到原来被中断的地方(断点),为中断返回。

3. 中断优先级

在实际的单片机系统中,可能存在多个中断源,而且中断申请也是随机的,有时可能会有多个中断源同时提出中断申请,但是 CPU 一次只能响应一个中断源发出的中断申请,那么 CPU 到底要响应哪个中断申请? 这就需要用软件或硬件按中断源的轻重缓急来处理,给它们编顺序,也就是优先级。中断优先级越高,则响应优先权越高。当 CPU 正在执行中断服务程序时,又有中断优先级更高的中断申请产生,那么 CPU 就会暂停当前的中断服务程序转而去处理高级中断申请,等高级中断程序处理完毕再返回原中断程序断点处继续执行,这一过程称为嵌套。

中断优先级是根据中断优先级寄存器来决定的,当两个中断同时出现时,如果没有人为操作优先级寄存器,单片机会按照默认的优先级自动处理。

51 单片机一共有 5 个中断源,它们的符号、名称及产生的条件分别解释如下:

$\overline{\text{INT}}$0—外部中断 0,由 P3.2 端口引入,下降沿或低电平触发。

$\overline{\text{INT}}$1—外部中断 1,由 P3.3 端口引入,下降沿或低电平触发。

T0—定时器/计数器 0 中断,由 T0 计数器计满后溢出引起。

T1—定时器/计数器 1 中断,由 T1 计数器计满后溢出引起。

串行口—串行口中断,当发送/接收一帧数据后引起。

单片机是如何判断哪个中断源引起的中断呢? 因为单片机只能认识地址,根据地址来判断,每个中断源的入口地址是不一样的,采用 C 语言编写程序,给每个中断源分配一个序号就能知道是哪个中断源。中断源序号见表 2.1。

表 2.1 中断源序号

中断源	默认中断级别	序号
$\overline{\text{INT}}$0—外部中断 0	最高	0
T0—定时器/计数器 0 中断	第 2	1
$\overline{\text{INT}}$1—外部中断 1	第 3	2
T1—定时器/计数器 1 中断	第 4	3
串行口中断	最低	4

4. 中断控制

中断允许寄存器用来设定各个中断源的打开和关闭,特殊功能寄存器 IE 的地址为 A8H,

该寄存器可以位寻址,如表2.2所示。

表2.2

D7	D6	D5	D4	D3	D2	D1	D0
EA	—	ET2	ES	ET1	EX1	ET0	EX0

EA—总中断开关。EA=1,打开总中断;EA=0,禁止总中断。

ET2—定时器/计数器2允许中断。ET2=1,定时器/计数器2允许中断;ET2=0,禁止中断。

ES—串行口允许中断。ES=1,允许串行口中断;ES=0,禁止中断。

ET1—定时器/计数器1允许中断。ET1=1,定时器/计数器1允许中断;ET1=0,禁止中断。

EX1—外部中断1允许中断。EX1=1,允许中断;EX1=0,禁止中断。

ET0—定时器/计数器0允许中断。ET0=1,定时器/计数器0允许中断;ET0=0,禁止中断。

EX0—外部中断0允许中断。EX0=1,允许中断;EX0=0,禁止中断。

中断优先级寄存器IP的地址为D8H,也可以位寻址。定义如表2.3所示。

表2.3

D7	D6	D5	D4	D3	D2	D1	D0
—	—	PT2	PS	PT1	PX1	PT0	PX0

PT2—定时器/计数器2中断优先级控制位。

PT2=1,定时器/计数器2中断定义为高优先级中断。

PT2=0,定时器/计数器2中断定义为低优先级中断。

PS—串行口中断优先级控制位。

PS=1,串行口中断定义为高优先级中断。

PS=0,串行口中断定义为低优先级中断。

PT1—定时器/计数器1中断优先级控制位。

PT1=1,定时器/计数器1中断定义为高优先级中断。

PT1=0,定时器/计数器1中断定义为低优先级中断。

PX1—外部中断1中断优先级控制位。

PX1=1,外部中断1中断定义为高优先级中断。

PX1=0,外部中断1中断定义为低优先级中断。

PT0—定时器/计数器0中断优先级控制位。

PT0=1,定时器/计数器0中断定义为高优先级中断。

PT1=0,定时器/计数器0中断定义为低优先级中断。

PX0—外部中断0中断优先级控制位。

PX0=1,外部中断0中断定义为高优先级中断。

PX0 = 0,外部中断 0 中断定义为低优先级中断。

二、定时器/计数器的结构及工作原理

定时器/计数器实质上是加法计数器,当它对具有固定时间间隔的内部机器周期进行计数时,它是定时器;当它对外部事件进行计数时,它是计数器。定时器/计数器的基本结构如图 2.1 所示。

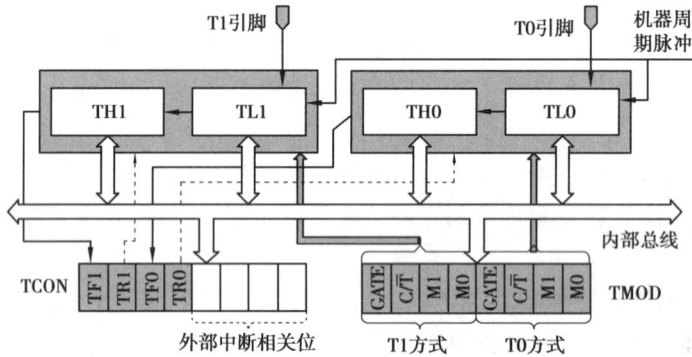

图 2.1　定时器/计数器基本结构

由图 2.1 可知,定时器 1、定时器 0 都是 16 位加法计数器,分别由两个 8 位的计数器 TH1 和 TL1,TH0 和 TL0 构成,它的工作状态及工作方式由定时器/计数器的工作方式寄存器 TMOD 及定时器/计数器控制寄存器 TCON 的各位决定。工作状态有定时和计数两种,由 TMOD 中的一位控制。工作方式有 0~3 共 4 种,由 TMOD 中的两位编码决定。寄存器 TMOD 和 TCON 通过软件来写入。每个定时器可以被单独访问。定时器/计数器的输出是加法计数器的计满溢出信号,它使 TCON 的某位(TF0 或 TF1)置 1,作为定时器/计数器的溢出中断标志。

当定时器工作在计数方式时,计数器对来自外部输入端 T0(P3.4)或 T1(P3.5)信号进行计数,当检测到输入端信号出现下降沿时,计数器加 1,它在每个机器周期的 S5P2 时采样外部输入电平,如果前一个机器周期采样值为高电平,在后一个机器周期为低电平时,则计数器加 1。新的计数值是在检测到输入引脚电平出现下降沿后,于下一个机器周期的 S3P1 期间装入计数器中,因此检测一个从 1 到 0 的下降沿需要两个机器周期,所以最高计数频率为振荡频率的 1/24。故必须保证输入信号从 1 到 0 的下降沿至少在一个机器周期内保持不变。

当定时器工作在定时方式时,输入时钟脉冲是由晶体振荡的输出 12 分频后得到的,因此是对其机器周期进行计数,其频率为晶振频率的 1/12。如单片机系统采用 12 MHz 晶振,其机器周期为 1 μs。

这里要注意的是:计数器是计满溢出时才申请中断,所以在给计数器赋初值时,不能直接输入所需的计数值,而应是计数器计数的最大值与这一计数值的差值,设最大值为 M,计数值为 N,初值为 X,则 X 的计算方式如下:

计数状态:X = M—N

定时状态:X = M—定时时间/T

而　　　　$T = 12 \div$ 晶振频率

三、定时器/计数器的方式寄存器和控制寄存器

1.定时器/计数器方式寄存器 TMOD

TMOD 的各位功能如图 2.2 所示,高 4 位用于定时器 T1,低 4 位用于定时器 T0。

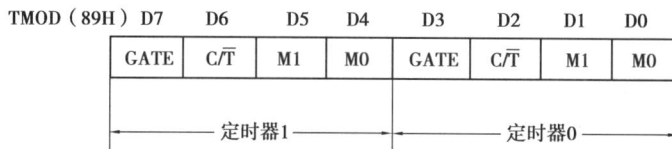

TMOD（89H）D7	D6	D5	D4	D3	D2	D1	D0
GATE	C/T̄	M1	M0	GATE	C/T̄	M1	M0

|← 定时器1 →|← 定时器0 →|

图 2.2　TMOD 各位功能

①GATE:门控制位。当 GATE = 0 时,只需 TR0 或 TR1 置 1,定时器/计数器就启动,此时不管INT 0 或INT1 的状态,所以一般将其 GATE 设置为 0。当 GATE = 1 时,将 TR0 或 TR1 置 1,同时将INT 0 或INT 1 置 1,才能使其定时器 0 或定时器 1 启动。

②C/T̄:功能选择位。当其设置为 1 时,表示工作在计数器方式,当其设置为 0 时,表示工作在定时器方式。

③M1M0 工作方式控制位,定义如表 2.4 所示。

表 2.4

M1 M0	工作方式	功能说明
0　0	方式 0	13 位计数器
0　1	方式 1	16 位计数器
1　0	方式 2	自动再装入 8 位计数器
1　1	方式 3	定时器 0:分成两个 8 位计数器 定时器 1:停止计数

TMOD 的地址是 89H,不能位寻址。

2.定时器/计数器控制寄存器 TCON

定时器/计数器控制寄存器 TCON 用于控制定时器的启动、停止,标志定时器的溢出和中断情况。其格式如图 2.3 所示。

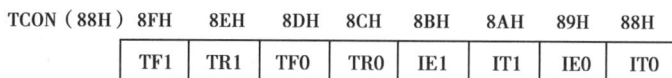

TCON（88H）8FH	8EH	8DH	8CH	8BH	8AH	89H	88H
TF1	TR1	TF0	TR0	IE1	IT1	IE0	IT0

图 2.3　定时器/计数器控制寄存器 TCON 格式

①TF1(TF0):定时器 1 溢出标志。当定时器 1(0)计满产生溢出时,由硬件自动将其位置

1,如果中断允许,该位向 CPU 发出定时器 1(0)中断申请,此时进入中断服务函数后,硬件自动将其清零。TF1(TF0)也可以用于查询,此时只能由软件清零。

②TR1(TR0):定时器 1(0)运行控制位。该位由软件置 1 后,表示启动定时器 1(0)工作;软件清零后,表示停止定时器 1(0)工作。

③IE1(IE0):外部中断 1(0)请求标志。检测到在 $\overline{INT1}$($\overline{INT0}$)引脚上出现的外部中断信号有效时,由硬件置 1,请求中断。进入中断服务函数后,硬件自动清零。

④IT1(IT0):外部中断 1(0)类型控制位。软件来置 1 或清零,以控制外部中断的触发类型。如果其位为 1,表示下降沿触发;如果其位为 0,表示低电平触发。

TCON 的地址是 88H,可以位寻址。

3. 定时器/计数器的工作方式

定时器/计数器有 4 种工作方式,是由 M1M0 来决定,下面分别来介绍。

1)方式 0 或方式 1

当 M1M0 = 00 时,定时器/计数器工作为方式 0。此时,16 位计数器只有 13 位,是由 TL0 的低 5 位和 TH0 的高 8 位组成,逻辑图如图 2.4 所示。

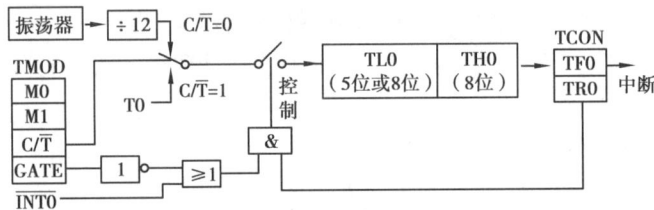

图 2.4　方式 0 或 1

由图 2.4 可知,当 TL0 溢出时向 TH0 进位,当 TH0 溢出时向 TF0 进位(硬件自动置位)并申请中断。方式 0 是 13 位计数,故最大值为 2^{13} = 8192,如果要定 1 ms 的初值,此时 X = (8192 − 1000) = 7192 = 1110000011000,由于是 13 位计数,高 8 位赋给 TH0,低 5 位数前面加 3 个 0 凑成 8 位之后赋给 TL0。故 TH0 = 0E0H,TL0 = 18H。

当 M1M0 = 01 时,定时器/计数器工作为方式 1。此时为 16 位计数器,高 8 位为 TH,低 8 位为 TL。

由图 2.4 可知,方式 1 下构成一个 16 位定时器/计数器,其结构与操作几乎完全与方式 0 一样,唯一的差别是二者计数位数不同。方式 1 下定时器的定时时间为

(M − 定时器 1 初值)×时钟周期×12 = (65536 − 定时器 1 初值)×时钟周期×12

2)方式 2

当 M1M0 = 10 时,定时器/计数器工作为方式 2。方式 2 使定时器/计数器作为能自动重置初值连续工作的 8 位计数器,TL 作为 8 位加法计数器,TH 作为重置初值的常数缓冲器,TH 由软件置初值,当 TL 产生溢出时,一方面使溢出标志 TF 置 1,同时把 TH 中的 8 位数据重新装入 TL 中。装初值时,一般使 TH 和 TL 的值相同。这样方式 2 就省掉重新装初值的麻烦。常用于定时控制或串行口的波特率发生器。值得注意的是,方式 2 是 8 位计数器。如图 2.5 所示。

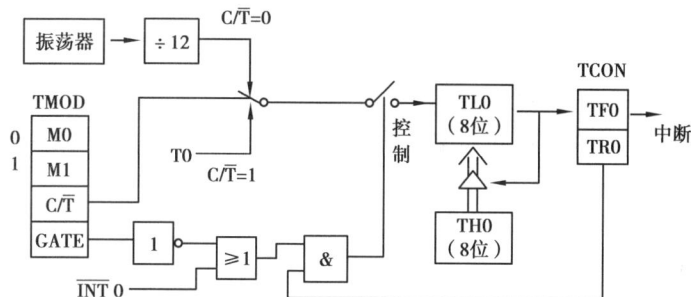

图 2.5　方式 2

3）方式 3

方式 3 对 T0 和 T1 是不同的,若 T1 设置为方式 3,则停止启动(即 TR0 = 0),所以方式 3 只对 T0 有效。工作在方式 3,T0 分成两个独立的 8 位计数器 TL0 和 TH0。如图 2.6 所示。

由图 2.6 可知,TL0 利用了 T0 自身的一些控制(GATE,TR0,$\overline{INT0}$,TF0 和 C/$\overline{T}$),操作与方式 0、方式 1 类似,只不过是一个 8 位计数器。TH0 占用了定时器 1 的 TR1 和 TF1,还规定了只能作定时功能。在机器周期计数的方式下,TH0 控制了 T1 的中断,T1 可以设置为方式 0 ~ 2,主要用于任何不需要中断控制的场合,或者用作串行口的波特率发生器。

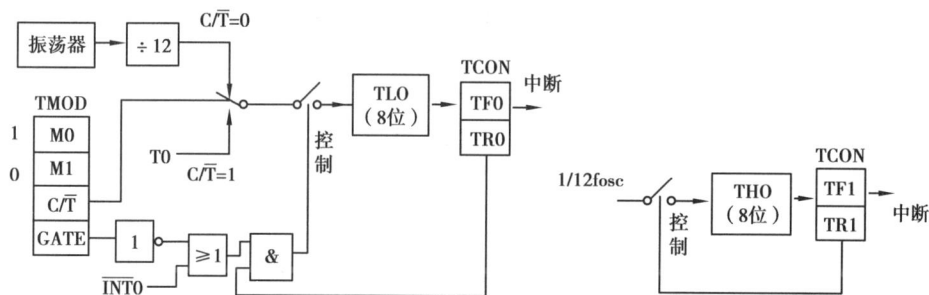

图 2.6　方式 3

四、定时器/计数器应用举例

前面已经介绍了 MCS-51 内部定时器/计数器,在使用它之前,一是要对 TMOD 和 TCON 初始化,二是 T0 和 T1 的初值,还要用到中断寄存器,下面举例说明。

1. 方式 0 的应用

利用定时器输出周期为 2 ms 的方波,设单片机晶振频率为 12 MHz。

分析:选择定时器 T1,输出脚为 P1.1 引脚,2 ms 的方波可由 1 ms 的高低电平间隔而成,因此需要每隔 1 ms 对 P1.1 取反一次即可得到此方波。

定时 1 ms 的初值:

因为　机器周期 = 12 ÷ 12 MHz = 1 μs

所以 1 ms 内 T1 需要计数 N 次:

$N = 1 \text{ ms} \div 1 \ \mu s = 1000$

由此可知:使用方式 0,T0 的初值 X 为

$X = M - N = 8192 - 1000 = 7192 = 1C18H$

但是方式 0 是 13 位计数器,低 8 位只使用了 5 位,其余位均计入高 8 位 TH1 的初值,则 T0 的初值为

THO = 11100000 = E0H

TLO = 00011000 = 18H

TMOD 初始化:TMOD = 00000000B = 00H

TCON 初始化:启动定时器 1,TR1 = 1

IE 初始化:开总中断 EA = 1,定时器 T1 中断允许 ET1 = 1

程序如下:

```
#include <reg51.h>            //51 单片机头文件
sbit zhuang = P1^1;           //位定义
void time1_init()             //定时器 1 初始化函数
{
    TMOD = 0X00;              //T1 工作在方式 0
    TH1 = 0XE0;               //定时器初值为 1ms
    TL1 = 0X18;
    EA = 1;                   //开总中断
    ET1 = 1;                  //定时器 1 允许中断
    TR1 = 1;                  //启动定时器 1
}
void time1() interrupt 3      //定时器 1 中断服务函数
{
    TH1 = 0XE0;               //定时器 1 初值
    TL1 = 0X18;
    zhuang = ! zhuang;        //状态翻转
}
void main()                   //主函数
{
    time1_init();             //调用定时器 1 初始化函数
    while(1)                  //大循环
    {

    }
}
```

程序解释

①sbit zhuang = P1^1;;位定义,也就是将 P1^1 重新命名为 zhuang,如果需要对 P1^1 进行操作,则可以直接对 zhuang 进行操作。值得注意的是,只有能被 8 整除的特殊功能寄存器才

可以进行位定义。

②zhuang =！zhuang;:状态取反,如果一开始 zhuang = 0,那么取反后为 1,再赋给 zhuang,此时 zhuang = 1。

此程序用于定时器 1 ms 产生一个中断,当有中断申请时,CPU 才去处理中断服务函数,平时 CPU 可以做其他的事情。还可以采用查询的方法来实现,但是查询一直占用 CPU 资源,使得执行低效。建议采用中断方式。

2. 方式 1 的应用

用方式 1 实现输出周期为 2 ms 的方波,设单片机晶振频率为 12 MHz。

分析与上面类似。

由此可知:使用方式 0,T0 的初值 X 为

$$X = M - N = 65536 - 1000 = 64536 = FC18H$$

所以,TH1 = 0XFC　　TL1 = 0X18

TMOD 初始化:TMOD = 00010000B = 10H

TCON 初始化:启动定时器 1,TR1 = 1

IE 初始化:开总中断 EA = 1,定时器 T1 中断允许 ET1 = 1

程序如下:

```
#include  <reg51.h>              //51 单片机头文件
sbit zhuang =  P1^1;             //位定义
void time1_init()                //定时器 1 初始化函数
{
    TMOD = 0X10;                 //T1 工作在方式 1
    TH1 = 0XFC;                  //定时器初值为 1ms
    TL1 = 0X18;
    EA = 1;                      //开总中断
    ET1 = 1;                     //定时器 1 允许中断
    TR1 = 1;                     //启动定时器 1
}
void time1() interrupt 3         //定时器 1 中断服务函数
{
    TH1 = 0XFC;                  //定时器 1 初值
    TL1 = 0X18;
    zhuang =！zhuang;            //状态翻转
}
void main()                      //主函数
{
    time1_init();                //调用定时器 1 初始化函数
    while(1)                     //大循环
    {
```

```
      }
    }
```

这是利用方式 1 来编写的程序,不管是方式 1 还是方式 0 都需要重装初值。

3. 方式 2 的应用

用方式 2 实现输出周期为 500 μs 的方波,设单片机晶振频率为 12 MHz。

分析与上面类似。

由此可知:使用方式 0,T0 的初值 X 为

$$X = M - N = 256 - 250 = 6 = 6H$$

所以,TH1 = 0X06　　TL1 = 0X06

TMOD 初始化:TMOD = 00010000B = 20H

TCON 初始化:启动定时器 1,TR1 = 1

IE 初始化:开总中断 EA = 1,定时器 T1 中断允许 ET1 = 1

程序如下:

```
#include <reg51.h>                //51 单片机头文件
sbit zhuang = P1^1;               //位定义
void time1_init()                 //定时器 1 初始化函数
{
    TMOD = 0X20;                  //T1 工作在方式 2
    TH1 = 0X06;                   //定时器初值为 250 μs
    TL1 = 0X06;
    EA = 1;                       //开总中断
    ET1 = 1;                      //定时器 1 允许中断
    TR1 = 1;                      //启动定时器 1
}
void time1() interrupt 3          //定时器 1 中断服务函数
{
    zhuang = ! zhuang;            //状态翻转
}
void main()                       //主函数
{
    time1_init();                 //调用定时器 1 初始化函数
    while(1)                      //大循环
    {
    }
}
```

通过以上程序可知,定时器初始化函数的编写包括:

①TMOD 的设置;

②TH 和 TL 的初值设置；
③中断的开放；
④定时器的启动。

五、数码管概述

1.数码管显示原理

在现实生活中，数码管应用很多，比如电梯内的显示、公交车上的显示，等等。要应用数码管，必须先知道数码管的结构和工作原理。

数码管是由发光二极管(LED)构成的，一般有 7 段或 8 段，点亮数码管就是点亮里面的LED。数码管如图 2.7 所示。

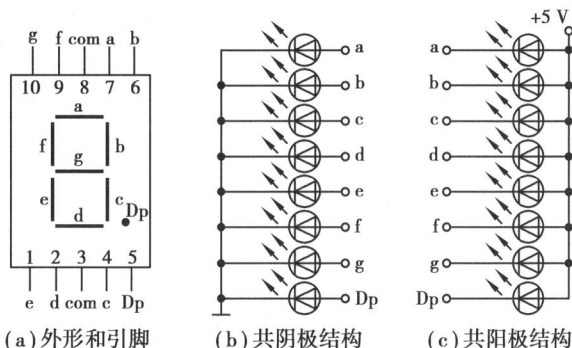

(a)外形和引脚　　(b)共阴极结构　　(c)共阳极结构

图 2.7　数码管

图 2.7(a)所示为带点的数码管。数码管一般分为共阴和共阳两种。共阴数码管是将所有的阴极相连接地，如果要使 a 段发光二极管亮，此时将 a 接高电平。如果要显示 0,对应的 8段 LED 为 a,b,c,d,e,f 亮,g,Dp 灭,对应的二进制为 0011 1111。共阳数码管是将所有的阳极相连，然后接在 +5 V 上，如果要使 a 段发光二极管亮，此时将 a 接低电平。如果要显示 0,对应的 8 段 LED 为 a,b,c,d,e,f 亮,g,Dp 灭,对应的二进制为 1100 0000。也就是说写程序时要根据硬件来写。

2.数码管编码

共阳与共阴数码管的编码见表 2.5。

表 2.5　共阴和共阳数码管的编码

显示字符	字形	共阳极									共阴极								
		Dp	g	f	e	d	c	b	a	字型码	Dp	g	f	e	d	c	b	a	字型码
0	0	1	1	0	0	0	0	0	0	C0H	0	0	1	1	1	1	1	1	3FH
1	1	1	1	1	1	1	0	0	1	F9H	0	0	0	0	0	1	1	0	06H

33

续表

显示字符	字形	共阳极									共阴极								
		Dp	g	f	e	d	c	b	a	字型码	Dp	g	f	e	d	c	b	a	字型码
2	2	1	0	1	0	0	1	0	0	A4H	0	1	0	1	1	0	1	1	5BH
3	3	1	0	1	1	0	0	0	0	B0H	0	1	0	0	1	1	1	1	4FH
4	4	1	0	0	1	1	0	0	1	99H	0	1	1	0	0	1	1	0	66H
5	5	1	0	0	1	0	0	1	0	92H	0	1	1	0	1	1	0	1	6DH
6	6	1	0	0	0	0	0	1	0	82H	0	1	1	1	1	1	0	1	7DH
7	7	1	1	1	1	1	0	0	0	F8H	0	0	0	0	0	1	1	1	07H
8	8	1	0	0	0	0	0	0	0	80H	0	1	1	1	1	1	1	1	7FH
9	9	1	0	0	1	0	0	0	0	90H	0	1	1	0	1	1	1	1	6FH
A	A	1	0	0	0	1	0	0	0	88H	0	1	1	1	0	1	1	1	77H

六、实训电路

实训四　数码管静态扫描

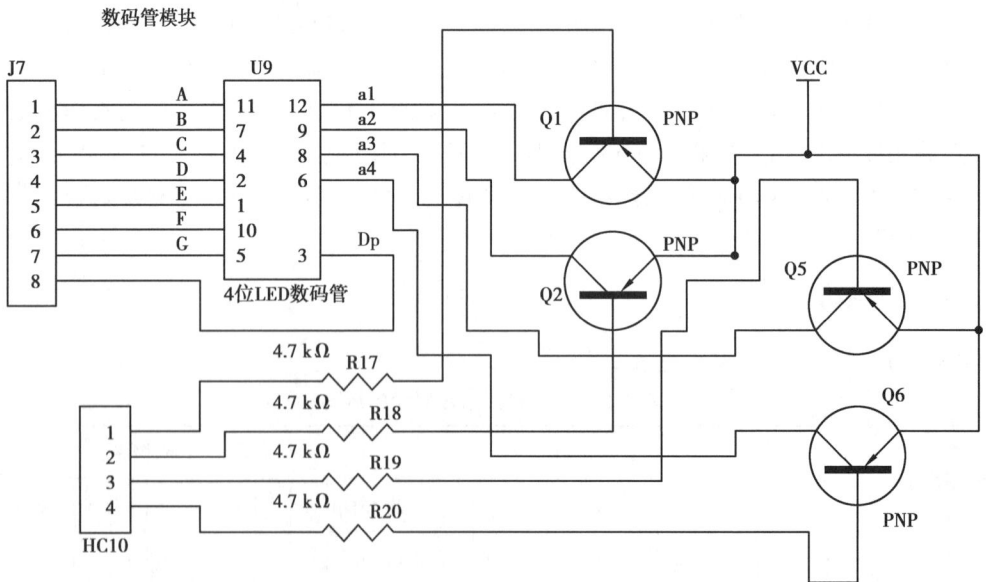

图 2.8　数据管静态扫描实训电路图

实训要求

4 个共阳数码管间隔 1 s 从 0 ~ 9 的显示,采用延时的方法来实现。

实训分析

由图 2.8 可知,数码管的位选信号是通过 P2 口控制 PNP 型三极管导通与截止来实现的。如果 P2 口输出低电平,此时 Q1 导通,VCC 通过 ce 端与 a1 相连,因为是共阳型数码管,当公共端接高电平时,位选信号有效,即选中了该数码管。本实训采用静态扫描的方式显示。

程序设计

```c
#include <reg51.h>
#define uint unsigned int
#define uchar unsigned char
uchar code table[] = {0xC0,0xF9,0xA4,0xB0,
0x99,0x92,0x82,0xF8,0x80,0x90}; //段码表
void delay(uint t)
{
  uint i,j;
  for(i=t;i>0;i--)
    for(j=110;j>0;j--);
}
void  main()
{
  uchar i;
   while(1)
   {
    for(i=0;i<10;i++)
    {
        P0=table[i];              //送段码给 P0
        delay(1000);
        P2=0;
    }
   }
}
```

实训现象

将本程序下载至单片机内,4 个数码管一起就会间隔约 1 s 从 0 ~ 9 显示。本程序是采用静态扫描方式,这样操作不太方便,占用单片机的 I/O 口资源,但是显示稳定。

程序解释

①P0 = table[i];;送数码管的段选信号,使数码管显示字符 0 ~ 9。

②P2 = 0;;送数码管的位选信号,需要选择哪些数码管显示字符。

实训五　简易秒表

实训要求

采用内部定时器作为时钟计时的基准,通过启动定时器实现计时,本实训采用动态扫描方式,数码管显示为 00 ~ 59 s。

实训分析

由图可知,数码管的位选信号是通过 P2 口控制 PNP 型三极管导通与截止来实现。如果 P2 口输出低电平,此时 Q1 导通,VCC 通过 ce 端与 a1 相连,因为是共阳型数码管,当公共端接高电平时,位选信号有效,即选中了该数码管。值得注意的是,本实训采用动态扫描,也就是说在一个时刻只有一位数码管被选中。根据定时器中断来实现比较精确的计时。

程序设计

```
#include  < reg51. h >
#define uint unsigned int
#define uchar unsigned char
uchar c,temp,shi,ge;
uchar code table[ ] = {0xc0,0xf9,0xa4,0xb0,0x99,0x92,0x82,0xf8,0x80,0x90};
void delay(uchar t)
{
    while(t - - );
}
void display(uchar shi,uchar ge)              //显示函数
{
    P0 = table[shi];                          //十位
    P2 = 0xfe;
    delay(100);
    P0 = table[ge];                           //个位
    P2 = 0xfd;
    delay(100);
}
void time0_init( )
{
    TMOD = 0X01;
    TH0 = 0X3C;//50ms 的初值
    TL0 = 0XB0;
    EA = 1;
    ET0 = 1;
    TR0 = 1;
}
```

```
void time0( )interrupt 1
{

    TH0 = 0X3C;
    TL0 = 0XB0;
  c + + ;
  if( c = = 20)                              //1 s
  {
    c = 0;
    temp + + ;
    if( temp = = 60)                         //60 s
    {
      temp = 0;
    }
      shi = temp/10;
      ge = temp%10;
    }
}
void main( )
{
  time0_init( );
  while( 1)
  {

      display( shi,ge);
  }
}
```

实训现象

将本程序下载到单片机内,秒表启动,间隔 1 s 从 00 ~ 59 显示。需要注意的是,本程序采用动态扫描的方式,由于数码管的余辉和人眼的暂留作业,使我们看起来好像各位数码管同时在显示,而实际上是一位一轮流显示的,只是我们分辨不出来。动态扫描占用的 I/O 口资源较少,但是不如静态扫描稳定。在实际中,常采用动态扫描方式。

程序解释

①uchar c,temp,shi,ge;:定义全局变量。程序任意函数都可以使用它们。

②shi = temp/10;ge = temp%10;:两位数数据分离,分别送给单片机。

③P0 = table[shi];
  P2 = 0xfe;
  delay(100);
  P0 = table[ge];

P2 = 0xfd；

delay(100)；

先将十位的十六进制送给 P0,然后选择一位数码管,简短延时后,将个位的十六进制送给 P0,选择另一位数码管,简短延时。因为根据数码管的余辉效应和人眼暂留效应,使得感觉数码管两位是同时显示的。

实训总结

通过两个实训的学习,使读者更好地掌握数码管的工作原理,灵活地应用定时器中断。

思考题

1. 详细说明单片机的中断过程、中断服务函数如何调用。

2. 请举例说明单片机的中断源和中断申请方法,并结合特殊功能寄存器 IE\IP 的功能,详细说明如何开中断以及各中断源中断优先权的高低是如何排列确定的。

3. MCS-51 单片机内部有几个定时器/计数器? 它们是由哪些特殊功能寄存器组成的?

4. 定时器/计数器的 4 种工作方式各有何特点? 如何选择、设定?

5. 使用一个定时器,如何通过软硬件结合方法实现较长时间的定时?

6. 如果让 P0 驱动共阴极型数码管,电路应该怎样设计? 显示效果如何?

7. 设单片机的振荡频率为 12 MHz,要求用 T1 定时 120 μs,分别计算采用定时方式 1 和方式 2 时的定时初值。

8. 已知单片机的振荡频率为 12 MHz,利用 T2 使 P2.0 输出矩形波,要求矩形波周期为 100 μs,高电平脉冲宽度为 30 μs。

项目三
键盘应用

❖❖

学习目的

1. 掌握独立与矩阵键盘电路
2. 掌握独立键盘的检测
3. 掌握矩阵键盘的检测

相关理论知识

一、键盘概述

1. 键盘的分类

键盘分为编码键盘和非编码键盘。键盘上闭合键的识别由专用的硬件编码器实现,并产生键编码或键值的称为编码键盘,如计算机上的键盘;根据软件编程来识别的键盘称为非编码键盘。在单片机系统中,用得较多的是非编码键盘。非编码键盘又分为独立键盘和矩阵键盘两种。矩阵按键如图 3.1 所示。

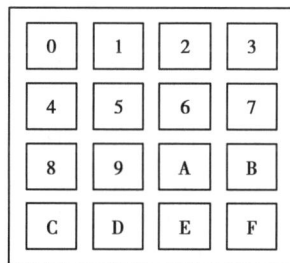

2. 独立键盘

键盘实质上是一组按键开关的集合。通常的按键所用开关

图 3.1 4×4 矩阵键盘

为机械弹性开关,利用了机械触点的合、开作用。一个电压信号是通过机械触点的断开、闭合过程产生的,机械触点由于弹性作用的影响,在闭合及断开瞬间均有抖动过程,从而使电信号也出现抖动,波形如图 3.2(a)所示,抖动时间的长短与开关的机械特性有关,一般为 5 ~ 10 ms。消抖有硬件消抖与软件消抖两种方式。单片机在扫描键盘时,都要消抖。硬件消抖有专门的消抖电路或芯片,一般采用软件消抖,是采用延时来实现的,等稳定之后再扫描。如图 3.2(b)所示。

在按下按键之前,两个触点之间是不导通的,按下的时候就导通,通过外部电路的不同接

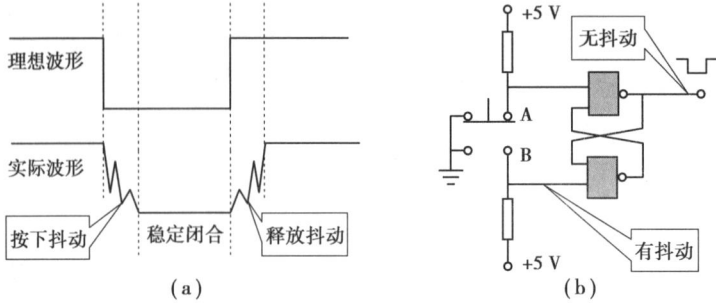

图 3.2　按键被按下时电压的变化和消抖电路

法,就可以使其中一个端口在按下和不按下的时候产生电平变化,而单片机正是通过检测到这种变化来完成对按键输入信息的获得。可以采用查询或中断的方式来判断是否有键按下,因为查询一直占用 CPU 资源,而中断是有键按下时采取操作,故一般采用中断方式。独立键盘如图 3.3 所示。

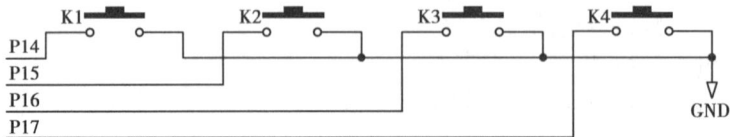

图 3.3　独立键盘的内部结构

扫描键盘的流程是先判断是否有键按下,延时一段时间是为了消抖,再判断是否真的有键按下,如果有,则执行相对应的操作。

3. 矩阵键盘

在实际应用中经常要用到输入数字、字母等功能,如电子密码锁、电话机键盘、自动取款机等一般至少有 12～16 个按键,在这种情况下如果用独立键盘要浪费 I/O 口资源,为此引入了矩阵键盘的应用。

矩阵键盘又称行列键盘,它是用 4 条 I/O 线作为行线,4 条 I/O 线作为列线组成的键盘。在行线和列线的每个交叉点上设置一个按键。这样键盘上按键的个数就为 4×4 个。这种行列式键盘结构能有效地提高单片机系统中 I/O 口的利用率。

最常见的键盘布局一般由 16 个按键组成,在单片机中正好可以用一个 I/O 口实现 16 个按键功能,这也是在单片机系统中最常用的形式,4×4 矩阵键盘的内部结构如图 3.4 所示。

当无按键闭合时,P14～P17 与 P10～P13 之间开路。当有按键闭合时,与闭合键相连的两条 I/O 口线之间短路。判断有无按键按下的方法是:第一步,置列线 P10～P13 为输入状态,从行线 P14～P17 输出低电平,读入列线数据,若某一列线为低电平,则该列上有键闭合;第二步,行线轮流输出低电平,从列线 P10～P13 读入数据,若有某一列为低电平,则对应行线上有键按下。根据第一步和第二步,可确定按键编号。但是键闭合一次只能进行一次键功能操作,因此须等到按键释放后,再进行键功能操作,否则按一次键,有可能会连续多次进行同样的键操作。

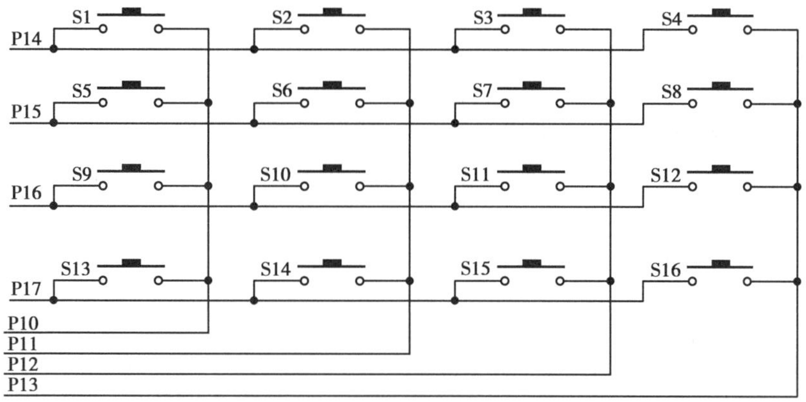

图3.4 4×4 矩阵键盘的内部结构

二、实训电路

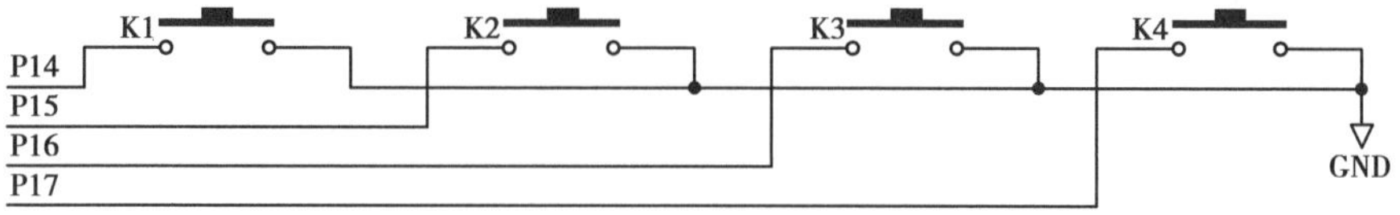

图3.5 独立键盘实训电路

实训六 独立键盘与 LED 的应用

实训要求

当按下 K1 键一次时,使得 8 位 LED 灯亮,再按下一次时,灯全灭(图3.5)。

实训分析

根据实训,单片机的 P1 口内部有上拉电阻,所以在按键按下之前,K1 对应的端口 P14 保持在高电平状态;当按键按下时,P14 通过按键 K1 接到 GND,这个时候就是低电平。所以,要想在程序里检测到是否有键按下,关键是检查对应端口的状态变化。

程序设计

```
#include  < reg51. h >
#define uint unsigned int
#define uchar unsigned char
sbit k1 = P1^4;
void delay( uint t)
{
        while( t - - );
}
void keyscan( )              //键盘扫描函数
```

```
        }
        if( k1 = =0)
        {
        delay(100);
        if( k1 = =0)
        {
            P2 = ~ P2;                //灯亮和灯灭
        }
        while( ! k1);                //按键释放
        }
    }
    void main( )
    {
        while(1)
        {
        keyscan( );
        }
    }
```

实训现象

将上述程序的 hex 文件下载至单片机内,当按一次键时,8 个 LED 灯全亮,再按一次时,8 个 LED 灯全灭。

程序解释

```
        if( k1 = =0)
        {
          delay(100);
          if( k1 = =0)
          {
            P2 = ~ P2;
          }
          while( ! k1);
        }
```

if(k1 = =0)表示有键按下,delay(100);表示延时消抖,while(!k1);;等待按键释放,如果按键没有释放则 k1 一直为 0,那么!k1 始终为 1,程序一直停止在这个 while 语句处,直到按键释放,k1 为 1,!k1 为 0,才退出 while 语句。通常单片机在检测按键时,要等按键释放确认后才去执行相应的代码。如果不加按键释放检测,由于单片机执行代码的速度很快,而且是循环检测按键,所以当按下一个键时,单片机会在程序循环中多次检测到有键按下,从而造成误操作。

实训七 独立键盘与数码管的应用

实训要求

用数码管的两位显示一个十进制数,变化范围为00～99。开始时显示00,每按下K1,数码管的值加1;每按下K2,数码管的值减1;每按下K3,数码管显示00;按一次K4,利用定时器使数码管数值每秒加1,再按一次,数值停止自动加1,保持原来数值。

实训分析

通过前面的实训,对独立键盘的扫描过程已比较熟悉,本实训难点在于怎样来控制定时器的工作,在前面的学习中,我们知道如果要运用定时器中断,最根本的就是必须启动定时器(TR),对这个位进行操作可以通过按键来实现。

程序设计

```c
#include < reg51. h >
#define uchar unsigned char
#define uint unsigned int
#define smg1 P0
#define    smg2 P2
sbit key1 = P1^0;
sbit key2 = P1^1;
sbit key3 = P1^2;
sbit key4 = P1^3;
uchar code table[ ] = {0xC0,0xF9,0xA4,0xB0,0x99,0x92,0x82,0xF8,0x80,0x90};
uchar num1,num2;
void delay(uint x)
{uint i,j;
 for(i = x;i > 0;i − −)
   for(j = 110;j > 0;j − −);
}
void key1scan( )                        //实现加1
{
      if(key1 = =0)
      {
        delay(5);
        if(key1 = =0)
        {
          num1 + +;
          if(num1 = =100)
          num1 = 0;
          while(!key1);             //等待按键释放
```

```
            }
         }
    }
    void key2scan( )                              //实现减1
    {
          if( key2 = =0)
       {
         delay(5);
         if( key2 = =0)
          {
            if( num1 = =0)
            num1 =100;
            num1 - - ;
            while( ! key2);
             }
          }
    }
    void key3scan( )
    {
            if( key3 = =0)
       {
          delay(5);
          if( key3 = =0)
           {
             num1 =0;
             while( ! key3);
             }
           }
    }
    void key4scan( )
    {   if( key4 = =0)
       {
          delay(5);
          if( key4 = =0)
           {
              TR0 = ~ TR0;                        //启动或停止定时器
           }
           while( ! key4);
       }
```

```
}
void keyscan( )                          //总按键扫描函数
{
        key1scan( ) ;
        key2scan( ) ;
        key3scan( ) ;
        key4scan( ) ;
}
void init( )
{
        TMOD = 0x01 ;
        TH0 = (65536 - 5000)/256 ;       //50 ms 中断一次
        TL0 = (65536 - 5000)%256 ;
        EA = 1 ;
        ET0 = 1 ;
}
void T0_time( ) interrupt 1
{
        TH0 = (65536 - 5000)/256 ;       //重装初值
        TL0 = (65536 - 5000)%256 ;
         num2 + + ;
        if( num2 = = 20 )
        {
            num1 + + ;
            if( num1 = = 100 )
             num1 = 0 ;
        }
}
void display( )                          //显示函数
{
        uchar shi,ge ;
        shi = num1/10 ;                  //分离十位数据
        ge = num1%10 ;
        smg2 = 0xfe ;
        smg1 = table[ shi ] ;
        delay( 10 ) ;
        smg2 = 0xfd ;
        smg1 = table[ ge ] ;
        delay( 10 ) ;
```

```
        }
    void main( )
    {
            init( );
            while(1)
            {
            keyscan( );
            display( );
            }
    }
```

实训现象

将本程序的 hex 文件下载至单片机内,就会按前面的要求进行显示。

程序解释

TR0 = ~TR0;:启动或停止定时器工作。

实训八　矩阵键盘与数码管的应用

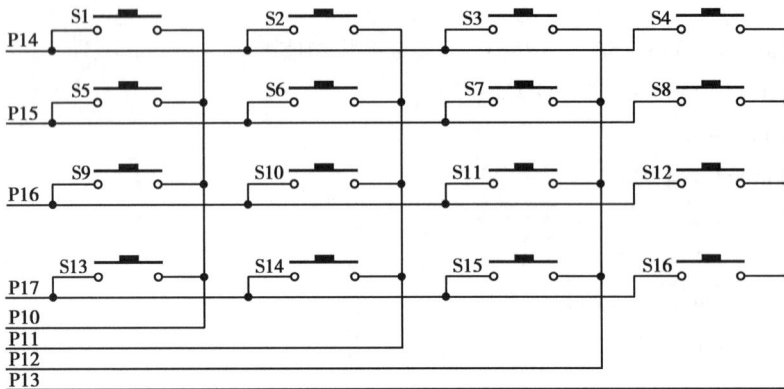

图 3.6　矩阵键盘实训电路

实训要求

当按下矩阵键盘时,数码管对应显示数字 0~9,A~F。

实训分析

根据实训电路图,键盘扫描方法是先对行线进行赋值,一次扫描每列,以第三行的 S10 为例,按下 S10 后,怎么得到这个键值呢? 当判断确实有键按下之后,行线为低电平,根据读入的列线的数据可以确定键值。首先将 P1 口赋值为 0xbf,此时读取列线数据,如果读到的值为 0xbb,那么就能确定是 S10 键按下。

程序设计

```
#include < reg51. h >
#define uchar unsigned char
#define uint unsigned int
```

```
uchar key,temp;
uchar code table[ ] = {0xc0,0xf9,0xa4,0xb0,0x99,0x92,
0x82,0xf8,0x80,0x90,0x88,0x83,0xc6,0xa1,0x86,0x8e};
void delay(uint x)
{uint i,j;
 for(i = x;i > 0;i - - )
 for(j = 110;j > 0;j - - );
}
void key_scan( )
{
    P1 = 0xef;
    temp = P1;
    temp = temp&0x0f;
    if(temp! = 0x0f)
    {
     delay(5);
     temp = P1;
     temp = temp&0x0f;
     if(temp! = 0x0f)
     {
     temp = P1;
    switch(temp)
     {
                    case 0xee:key = 0;break;
                    case 0xed:key = 1;break;
                    case 0xeb:key = 2;break;
                    case 0xe7:key = 3;break;
     }
    while(temp! = 0x0f)
    {
                    temp = P1;
                    temp = temp&0x0f;
    }
    }
}
P1 = 0xdf;
temp = P1;
temp = temp&0x0f;
if(temp! = 0x0f)
```

```
    {
        delay(5);
        temp = P1;
        temp = temp&0x0f;
        if( temp! = 0x0f)
        {
            temp = P1;
          switch( temp )
          {
            case 0xde:key = 4;break;
            case 0xdd:key = 5;break;
            case 0xdb:key = 6;break;
            case 0xd7:key = 7;break;
          }
          while( temp! = 0x0f)
          {
                temp = P1;
                temp = temp&0x0f;
          }
        }
    }
    P1 = 0xbf;
    temp = P1;
    temp = temp&0x0f;
    if( temp! = 0x0f)
     {
        delay(5);
         temp = P1;
        temp = temp&0x0f;
        if( temp! = 0x0f)
        {
                temp = P1;
                switch( temp )
                {
                case 0xbe:key = 8;break;
                case 0xbd:key = 9;break;
                case 0xbb:key = 10;break;
                case 0xb7:key = 11;break;
```

```
        }
      while( temp!  = 0x0f)
        {
          temp = P1 ;
          temp = temp&0x0f;
        }
      }
    }
P1 = 0x7f;
temp = P1 ;
temp = temp&0x0f;
if( temp!  = 0x0f)
  {
      delay( 5 ) ;
      temp = P1 ;
      temp = temp&0x0f;
      if( temp!  = 0x0f)
      {
        temp = P1 ;
        switch( temp)
          {
              case 0x7e : key = 12 ; break ;
              case 0x7d : key = 13 ; break ;
              case 0x7b : key = 14 ; break ;
              case 0x77 : key = 15 ; break ;
          }
        while( temp!  = 0x0f)
          {
              temp = P1 ;
              temp = temp&0x0f;
              }
          }
      }
  }
void main( )
{
      while( 1 )
      {
      P0 = 0xff;
```

```
        P2 = 0xfe;
        key_scan( );
        P0 = table[key];
        delay(10);
        }
    }
```

实训现象

将上述程序下载至单片机内,上电之后,当按下矩阵键盘时,数码管对应显示数字 0 ~ 9, A ~ F。

程序解释

①P1 = 0xef;

```
    temp = P1;
    temp = temp&0x0f;
    if(temp!  = 0x0f)
    {
        delay(5);
        temp = P1;
        temp = temp&0x0f;
        if(temp!  = 0x0f)
        {
            ……
```

P1 = 0xef;将第 1 行线置为低电平,其余行线全部为高电平。

temp = P1;读取 P1 口当前状态值赋给变量 temp,用于后面的计算。

temp = temp&0x0f;将 temp 与 0x0f 进行"与"运算,然后再将结果赋给 temp,主要目的是判断 temp 的低 4 位是否有 0,如果 temp 的低 4 位有 0,那么它与 0x0f"与"运算结果必然不等于 0x0f,如果 temp 的低 4 位没有 0,那么它与 0x0f "与"运算结果仍然等于 0x0f,temp 的低 4 位数据实际上就是矩阵键盘的 4 个列线,从而可以通过判断 temp 与 0x0f"与"运算后的结果是否为 0x0f 来判断第一行按键是否有键按下。

if(temp! = 0x0f)的 temp 是上面 P1 口数据与 0x0f"与"运算后的结果,如果 temp 不等于 0x0f,说明有键按下。

temp = P1;重新读一次 P1 口数据。

temp = temp&0x0f;再一次进行了"与"运算。

if(temp! = 0x0f)如果 temp 仍然不等于 0x0f,说明真的有键按下。

②switch(temp)

```
    {
        case 0xee:key = 0;break;
        case 0xed:key = 1;break;
        case 0xeb:key = 2;break;
        case 0xe7:key = 3;break;
```

　　　　　　　　}

如果 temp 的值为 0xee,此时需要显示 0,然后退出 switch 语句。

如果 temp 的值为 0xed,此时需要显示 1,然后退出 switch 语句。

如果 temp 的值为 0xeb,此时需要显示 2,然后退出 switch 语句。

如果 temp 的值为 0xe7,此时需要显示 3,然后退出 switch 语句。

③while(temp！ = 0x0f)

　　　　{

　　　　　　temp = P1 ;

　　　　　　temp = temp&0x0f ;

　　　　}

键盘松手检测。只要结果不等于 0x0f,说明按键没有释放,程序不断地读取 P1 的状态,然后与 0x0f 进行"与"运算,直到按键释放,才退出 while 循环。

实训总结

通过四个实训的学习,让读者掌握了独立键盘扫描和矩阵键盘扫描。独立键盘扫描的好处是操作简单,但是占用资源多;矩阵键盘扫描的好处是占用资源少,但是操作稍复杂。

思考题

1. 单片机使用按键时为什么要进行消抖设置?

2. 为什么单片机系统一般采用非编码键盘?

3. 矩阵式键盘的编程要点是什么?

4. 用两个按键控制一个数码管进行 0 ~ 9 显示,一个按键按下抬起后,显示数字加 1,另一个按键按下抬起后,数字减 1。请设计程序实现按键对数字的控制。

5. 请设计程序实现按键按下后,使得单片机 P0.0 口连接的 LED 灯状态发生改变。

6. 请设计程序实现按键按下抬起后,使得单片机 P0.0 口连接的 LED 灯状态发生改变。

项目四
液晶显示

学习目的

1. 了解液晶 1602 显示原理
2. 掌握液晶 1602 硬件电路
3. 掌握液晶 1602 软件编程

相关理论知识

一、液晶显示概述

1. 液晶显示原理

液晶显示的原理是利用液晶的物理特性,通过电压对其显示区域进行控制,有电就可显示出图形。液晶显示器具有厚度薄、适用于大规模集成、直接驱动、易于实现全彩显示的特点,目前已经广泛应用于数字摄像机、便携式计算机等众多领域。

2. 液晶显示器的分类

液晶显示的分类方法有多种,通常可按其显示方式分为段式、字符式、点阵式等。除了黑白显示外,液晶显示器还有多灰度、彩色显示等。按驱动方式来分,可以分为静态驱动、单纯矩阵驱动和主动矩阵驱动 3 种。

3. 液晶显示器各种图形的显示原理

1)线段的显示

点阵图形式液晶由 M×N 个显示单元组成。假设 LCD 显示屏有 64 行,每行有 128 列,每 8 列对应 1 字节的 8 位,即每行由 16 字节、共 16×8 = 128 个点组成,屏上 64×16 个显示单元与显示 RAM 区 1 024 字节相对应,每一字节的内容和显示屏上相应位置的亮暗对应。例如屏的第一行的亮暗由 RAM 区的 000H ~00FH 的 16 字节的内容决定,当(000H) = FFH 时,则屏幕的左上角显示一条短亮线,长度为 8 个点;当(3FFH) = FFH 时,则屏幕的右下角显示一条短亮线,这就是液晶的基本原理。

2)字符的显示

用液晶 LCD 显示一个字符时比较复杂,因为一个字符由 6 × 8 或 8 × 8 点阵组成,既要找到和显示屏幕上某几个位置对应的显示 RAM 区的 8 字节,还要使每字节的不同位为"1",其他的为"0",为"1"的点亮,为"0"的不亮。这样就可以组成某个字符。但对于内带字符发生器的控制器来说,显示字符就比较简单了,可以让控制器工作在文本方式,根据在 LCD 上开始显示的行列号及每行的列数找出显示 RAM 对应的地址,设立光标,在此送上该字符对应的代码即可。

3)汉字的显示

汉字的显示一般采用图形的方式,事先从微型计算机中提取要显示的汉字的点阵码(一般用汉字模提取软件),每个汉字占 32 字节,分左右两半,各占 16 字节,左边为 1,3,5,7,…,右边为 2,4,6,8,…,根据在 LCD 上开始显示的行列号及每行的列数可找出显示 RAM 对应的地址,设立光标,送上要显示的汉字的第一字节,光标位置加 1,送第二个字节,换行按列对齐,送第三个字节……,直到 32 字节显示完就可以在 LCD 上得到一个完整汉字。

二、字符型 1602LCD 简介

字符型液晶显示模块是一种专门用于显示字母、数字、符号等点阵式 LCD,目前常用 16 × 1,16 × 2,20 × 2 等模块。下面以长沙太阳人电子有限公司的 1602 字符型液晶显示器为例介绍其用法。1602 字符型液晶外形图如图 4.1 所示。

1.1602LCD 主要技术参数(表 4.1)

表 4.1 1602LCD 主要技术参数

显示容量	16 × 2 个字符
芯片工作电压	4.5 ~ 5.5 V
工作电流	2.0 mA(5.0 V)
模块最佳工作电压	5.0 V
字符尺寸	2.95 × 4.35(WXH)mm

2.接口信号说明(表 4.2)

表 4.2 接口信号说明

编号	符号	引脚说明	编号	符号	引脚说明
1	VSS	电源地	3	VL	液晶显示偏压信号
2	VDD	电源正极	4	RS	数据/命令选择端(H/L)

53

续表

编号	符号	引脚说明	编号	符号	引脚说明
5	R/W	读/写选择端(H/L)	11	D4	数据
6	E	使能信号	12	D5	数据
7	D0	数据	13	D6	数据
8	D1	数据	14	D7	数据
9	D2	数据	15	BLA	背光源正极
10	D3	数据	16	BLK	背光源负极

引脚 1:VSS 为电源地。

引脚 2:VDD 接 5 V 正电源。

引脚 3:VL 为液晶显示器对比度调整端。接电源时对比度最低,接地时对比度最高,对比度过高时会产生"鬼影",因此在使用时可以通过一个 10 kΩ 的电位器调整对比度。

引脚 4:RS 为寄存器选择。高电平时选择数据寄存器,低电平时选择指令寄存器。

引脚 5:R/W 为读写信号。高电平时进行读操作,低电平时进行写操作。当 RS 和 R/W 同时为低电平时可以写入指令或者显示地址。当 RS 为低电平、R/W 为高电平时可以读忙信号,当 RS 为高电平、R/W 为低电平时可以写入数据。

引脚 6:E 为使能端。当 E 为高电平跳变低电平时,液晶模块执行命令。

引脚 7~14:D0~D7 为 8 位双向数据线。

引脚 15:背光源正极。

引脚 16:背光源负极。

3. 外形尺寸(图 4.1)

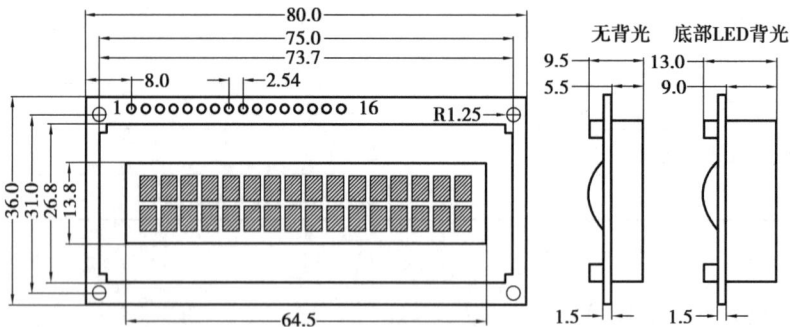

图 4.1   LCD1602 外形尺寸

4. 控制器接口说明(HD44780 及兼容芯片)

1)基本操作时序(表 4.3)

表 4.3 基本操作时序

读状态	输入	RS = L,R/W = H,E = H	输出	D0 ~ D7
写指令	输入	RS = L,R/W = L,D0—D7 = 指令码,E = 高脉冲	输出	无
读数据	输入	RS = H,R/W = H,E = H	输出	D0 ~ D7 = 数据
写数据	输入	RS = H,R/W = L,D0—D7 = 数据,E = 高脉冲	输出	无

读写操作时序分别如图 4.2、图 4.3 所示。

①读操作时序。

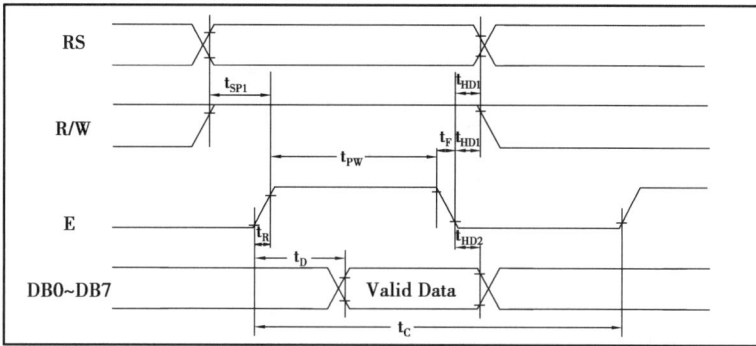

图 4.2 液晶读操作时序

②写操作时序。

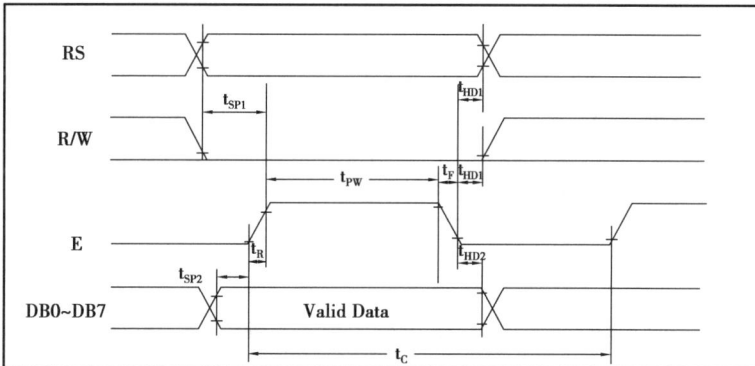

图 4.3 液晶写操作时序

2)RAM 地址映射

液晶显示模块是一个慢显示器件,所以在执行每条指令前一定要确认模块的忙标志为低电平(表示不忙),否则此指令失败。要显示字符时要先输入显示字符的地址,也就是告诉模块在哪显示字符,1602 字符型液晶的内部显示地址如图 4.4 所示。

例如第二行第一个字符的地址是 40H,如果直接写入 40H 就可以将光标定位在第二行第一个字符的位置吗? 这是不行的,因为写入显示地址时要求最高位恒定为1,所以实际写入的数据是01000000(40H)+10000000(80H)=11000000(C0H)。

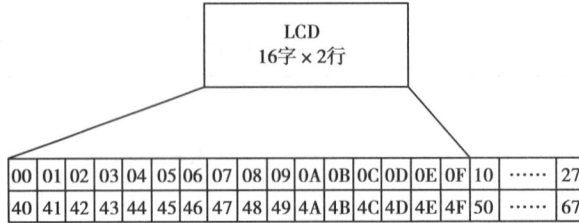

图 4.4　1602 内部 RAM 地址映射表

5. 指令说明

1) 初始化设置

显示模式设置,见表 4.4。

表 4.4　显示模式设置

指令码								功能
0	0	1	1	1	0	0	0	设置 16×2 显示,5×7 点阵,8 位数据接口

显示开/关及光标设置,见表 4.5。

表 4.5　显示开/关及光标设置

指令码								功能
0	0	0	0	1	D	C	B	D=1 开显示　　　　D=0 关显示 C=1 显示光标　　　C=0 不显示光标 B=1 光标闪烁　　　B=0 光标不显示
0	0	0	0	0	1	N	S	N=1 当读或写一个字符后地址指针加1,且光标加1 N=0 当读或写一个字符后地址指针减1,且光标减1 S=1 当写一个字符,整屏显示左移(N=1)或右移 (N=0),已得到光标不移动而屏幕移动的效果 S=0 当写一个字符,整屏显示不移动

2) 数据控制

控制器内部设有一个数据地址指针,用户可通过它们来访问内部的全部 80 字节 RAM。

数据指针设置,见表 4.6。

表 4.6　数据指针设置

指令码	功能
80H+地址码(0~27H,40H~67H)	设置数据地址指针

其他设置,见表 4.7。

表 4.7　其他设置

指令码	功　能
01H	显示清屏:1 数据指针清零 2 所有显示清零
02H	显示回车:1 数据指针清零

初始化过程(复位过程)

延时 15 ms

写指令 38H(不检测忙信号)

延时 5 ms

写指令 38H(不检测忙信号)

延时 5 ms

写指令 38H(不检测忙信号)

以后每次写指令、读/写数据操作前均需检测忙信号

写指令 38H:显示模式设置

写指令 08H:显示关闭

写指令 01H:显示清屏

写指令 06H:显示光标移动设置

写指令 0CH:显示开及光标设置

三、实训电路

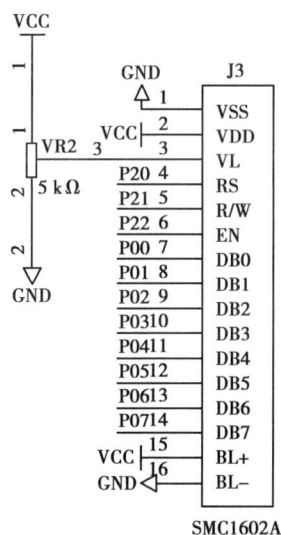

图 4.5

实训九 　　液晶 1602 显示单个字符

实训要求

根据所给实训电路图,用液晶显示英文字符。

实训分析

要使液晶显示英文字符,就必须掌握液晶时序和对应的地址,最主要的是使液晶初始化正确。

程序设计

```
#include  < reg51. h >
#define uint unsigned int
#define uchar unsigned char
#define LCD_PORT P0                    //1602 数据端口
sbit rs = P2^0;                        //4
sbit rw = P2^1;                        //5
sbit e = P2^2;                         //6
void write_add( uchar add )            //写入地址
{
            uint x = 300;
            rw = 0;
            rs = 0;
            LCD_PORT = add;
            e = 1;
            while( x - - );
            e = 0;
}
void write_data( uchar d )             //写入显示数据( ASCII)
{
            uint x = 300;
            rw = 0;
            rs = 1;
            LCD_PORT = d;
            e = 1;
            while( x - - );
            e = 0;
}
void LCD_drive( bit x,uchar d )        //LCD 驱动
{
            if( x = = 1)
```

```
                }
                write_data(d);
                }
                else
                {
                write_add(d);
                }
        }
void LCD1602_init()
{
                uint x = 10000;
                LCD_drive(0,0X38);      //显示模式设置,8位接口,5×7,2行
                LCD_drive(0,0X0f);      //显示开、光标开和闪
                LCD_drive(0,0X06);      //地址自动加1
                LCD_drive(0,0X01);      //清屏
                while(x--);
}
void show_char(uchar add,uchar ch)     //在 add 显示 ch
{
                LCD_drive(0,add);       //写入显示的地址
                LCD_drive(1,ch);        //写入显示的数据
}
void main()
{
                e = 0;                  //一上电就为低电平
                LCD1602_init();
                show_char(0X80,'A');    //在 0x84 处显示 A
                show_char(0Xc4,'K');    //在 0xc4 处显示 K(第二排)
                while(1)
                {

                }
}
```

实训现象

将此程序的 hex 文件下载至单片机内,液晶的第一行会显示"A",第二行显示"K"。

程序解释

①void write_add(uchar add)//写入地址

{

    uint x = 300;

```
        rw = 0 ;                          //选择液晶写状态
        rs = 0 ;                          //表示写命令模式
        LCD_PORT = add ;                  //将需要写的命令字送到数据总线上
        e = 1 ;                           //使能端给一高脉冲,在主函数中已经将其置为0
        while( x − − ) ;                  //产生延时
        e = 0 ;                           //将使能端置0以完成高脉冲
}
②void LCD1602_init( )
{
        uint x = 10000 ;
        LCD_drive(0,0X38) ;               //显示模式设置,8 位接口,5 ×7,2 行
        LCD_drive(0,0X0f) ;               //显示开、光标开和闪
        LCD_drive(0,0X06) ;               //写完一个字符后地址指针自动加 1
        LCD_drive(0,0X01)   ;             //清屏,数据指针清 0
        while( x − − ) ;                  //延时一会
}
③show_char(0X80,'A') ;    在液晶的第一行显示字母"A"。
```

实训十　液晶1602显示字符串

实训要求

通过编程,让液晶显示字符串"Hello LCD1602"。

实训分析

通过前面的实训,让液晶显示了字符,如果让液晶显示字符串,可以采用指针来实现。

程序设计

```
#include  < reg51. h >
#define uint unsigned int
#define uchar unsigned char
#define LCD_PORT P0                      //1602 数据端口

sbit rs = P2^0 ;                         //4
sbit rw = P2^1 ;                         //5
sbit e = P2^2 ;                          //6
void write_add( uchar add )              //写入地址
{
        uint x = 300 ;
        rw = 0 ;
        rs = 0 ;                         //表示地址
        LCD_PORT = add ;
```

```
                e = 1;
                while(x - -);              //产生延时
                e = 0;
}
void write_data(uchar d)              //写入显示数据(ASCII)
{
                uint x = 300;
                rw = 0;                    //表示写入液晶
                rs = 1;                    //表示数据
                LCD_PORT = d;
                e = 1;
                while(x - -);              //产生延时
                e = 0;
}
void LCD_drive(bit x, uchar d)        //LCD 驱动
{
                if(x = = 1)
                {
                    write_data(d);
                }
                else
                {
                    write_add(d);
                }
}
void LCD1602_init()
{
                uint x = 10000;
                LCD_drive(0,0X38);        //显示模式设置,8 位接口,5×7,2 行
                LCD_drive(0,0X0e);        //显示开、光标开和闪
                LCD_drive(0,0X06);        //地址自动加 1
                LCD_drive(0,0X01);        //清屏
                while(x - -);
}
void show_string(uchar add, uchar * p)
{
                LCD_drive(0,add);
                while( * p)
                {
```

```
                    LCD_drive(1, * p + +);
                }
    }
    void main( )
    {
                    e = 0;                        //一上电就为低电平
                    LCD1602_init( );
                    show_string(0x80,"Hello LCD1602");
                    while(1)
                    {

                    }
    }
```

实训现象

将此程序下载到单片机内,液晶 1602 的第一行显示字符串"Hello LCD1602"。

程序解释

```
while( * p)
{
    LCD_drive(1, * p + +);
}
```

当指针 p 不为 0 时,执行 LCD_drive(1, * p + +);也就是把 p 的首地址送出去,然后数据指针依次递增 1,直到显示完成。

实训十一 液晶 1602 显示数字

实训要求

液晶 1602 可以显示数字,本实训让 1602 显示 4 位数(0~9999)。

实训分析

操作与前面实训类似,要显示数字时,要注意液晶显示的是 ASCII 码,所以需要加上 48。

程序设计

```
#include < reg51. h >
#define uint unsigned int
#define uchar unsigned char
#define LCD_PORT P0                    //1602 数据端口
sbit rs = P2^0;                        //4
sbit rw = P2^1;                        //5
sbit e = P2^2   ;                      //6
void write_add(uchar add)             //写入地址
{
```

```
                uint x = 300;
                rw = 0;
                rs = 0;                    //表示地址
                LCD_PORT = add;
                e = 1;
                while(x - -);              //产生延时
                e = 0;
}
void write_data(uchar d)                   //写入显示数据(ASCII)
{
                uint x = 300;
                rw = 0;                    //表示写入液晶
                rs = 1;                    //表示数据
                LCD_PORT = d;
                e = 1;
                while(x - -);              //产生延时
                e = 0;
}
void LCD_drive(bit x,uchar d)              //LCD 驱动
{
                if(x = = 1)
                {
                   write_data(d);
                }
                else
                {
                   write_add(d);

                }
}
void LCD1602_init( )
{
                uint x = 10000;
                LCD_drive(0,0X38);         //显示模式设置,8 位接口,5×7,2 行
                LCD_drive(0,0X0e);         //显示开、光标开和闪
                LCD_drive(0,0X06);         //地址自动加 1
                LCD_drive(0,0X01);         //清屏
                while(x - -);
}
```

```
void show_data(uchar add,uint x)              //显示小于10000
{
                    LCD_drive(0,add);
                    LCD_drive(1,(x/1000)+48);
                    LCD_drive(1,(x%1000/100)+48);
                    LCD_drive(1,(x%100/10)+48);
                    LCD_drive(1,(x%10)+48);
}
void delay(uint t)
{
                    while(t--);
}
void main()
{
                    uint x=0;
                    e=0;                      //一上电就为低电平
                    LCD1602_init();
                    while(1)
                    {
                    show_data(0xc0,x);
                    delay(50000);
                    x++;
                    if(x>=10000)
                    x=0;
                    }
}
```

实训现象

将上述程序的 hex 文件下载至单片机内,液晶 1602 的第二行显示 4 位数。

程序解释

```
LCD_drive(1,(x/1000)+48);              //千位
LCD_drive(1,(x%1000/100)+48);          //百位
LCD_drive(1,(x%100/10)+48);           //十位
LCD_drive(1,(x%10)+48);               //个位
```

因为液晶 1602 是对字符或数字的 ASCII 进行操作,所以要加上 48。对于初学者,很容易忘记加 48。

实训总结

通过三个实训来讲解液晶 1602 的使用,液晶的初始化操作如程序所示,比较简单。1602 液晶只能显示字符,不能显示汉字。

思考题

1. LCD1602 属于哪种液晶显示器?

2. LCD1602 的接口有几个? 分别有什么作用?

3. 编写程序通过 51 单片机在 LCD1602 上显示自己的学号。

4. 编写程序通过 51 单片机在 LCD1602 上实现实时时钟的显示。

5. 若要定义 LCD1602 为 8 位总线两行 5×7 点阵显示,控制代码为多少?

项目五
A/D 和 D/A

学习目的

1. 了解 A/D0804 和 D/A0832 内部结构
2. 了解两种芯片的工作原理
3. 掌握两种芯片与单片机的连接以及编程

相关理论知识

单片机应用的重要领域是自动控制。在自动控制的应用中,除数字量外,还会遇见模拟量的信号。它们最突出的特点是连续变化的模拟量。但是单片机只能处理数字量,因此遇到模拟量,就应该转换成相对应的数字量,单片机才能处理,因此就出现了 A/D 和 D/A 转换器。

一、A/D 概述

1. 模拟量与数字量

模拟量是指连续变化的量,如温度、电压、电流等。

数字量是指用一系列 0 和 1 组成的二进制代码表示某个信号大小的量。

单片机在采集模拟信号时,通常要在前端加上模拟量/数字量转换器,简称模/数转换器,即 A/D 芯片。当单片机在输出模拟信号时,通常在输出端加上数字量/模拟量转换器,简称数/模转换器,即 D/A 芯片。

2. A/D 转换器概述

A/D 转换器常用于实现模拟量向数字量的转换,按转换原理分为 4 种:计数式、双积分式、逐次逼近式和并行式 A/D 转换器。

目前,最常用的是逐次逼近式和双积分式 A/D 转换器。逐次逼近式 A/D 转换器是一种速度快、精度高的转换器,其转换时间为几微秒到几百微秒。双积分式 A/D 转换器的主要优点是转换精度高、抗干扰性好、价格便宜,但转换速度慢,因此适用于要求不高的场合。所以常采用逐次逼近式 A/D 转换器,芯片为 ADC0804。

3. A/D 转换器的主要技术指标

1)分辨率

ADC 的分辨率是指使输出数字量变化一个相邻数码所需输入模拟电压的变化量。常用二进制的位数表示。例如 12 位 ADC 的分辨率就是 12 位,或者说分辨率为满刻度 FS 的 $1/2^{12}$。一个 10 V 满刻度的 12 位 ADC 能分辨输入电压变化最小值是 $10\ V \times (1/2^{12}) = 2.4\ mV$。

2)量化误差

ADC 把模拟量变为数字量,用数字量近似表示模拟量,这个过程称为量化。量化误差是 ADC 的有限位数对模拟量进行量化而引起的误差。实际上,要准确表示模拟量,ADC 的位数需很大甚至无穷大。一个分辨率有限的 ADC 的阶梯状转换特性曲线与具有无限分辨率的 ADC 转换特性曲线(直线)之间的最大偏差即是量化误差,如图 5.1 所示。

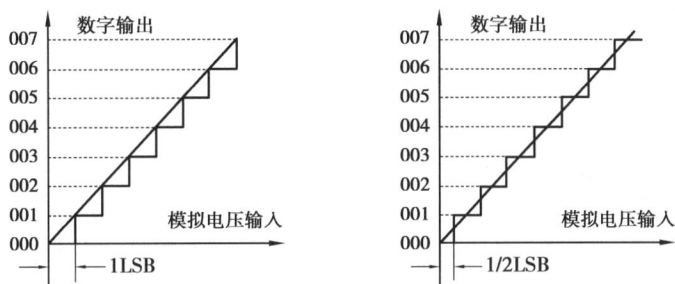

图 5.1 量化误差

3)偏移误差

偏移误差是指输入信号为零时,输出信号不为零的值,所以有时又称为零值误差。假定 ADC 没有非线性误差,则其转换特性曲线各阶梯中点的连线必定是直线,这条直线与横轴的交点所对应的输入电压值就是偏移误差。

4)满刻度误差

满刻度误差又称为增益误差。ADC 的满刻度误差是指满刻度输出数码所对应的实际输入电压与理想输入电压之差。

5)线性度

线性度有时又称为非线性误差,它是指转换器实际的转换特性与理想直线的最大偏差。

6)绝对精度

在一个转换器中,任何数码所对应的实际模拟量输入与理论模拟量输入之差的最大值,称为绝对精度。对于 ADC 而言,可以在每一个阶梯的水平中点进行测量,它包括了所有的误差。

7)转换速率

ADC 的转换速率是能够重复进行数据转换的速度,即每秒转换的次数。而完成一次 A/D 转换所需的时间(包括稳定时间),则是转换速率的倒数。

4. ADC0804 芯片介绍

A/D0804 分辨率为 8 位,其转换时间为 100 μs,输入电压范围为 0 ~ 5 V。

ADC0804 芯片内部逻辑结构如图 5.2 所示。

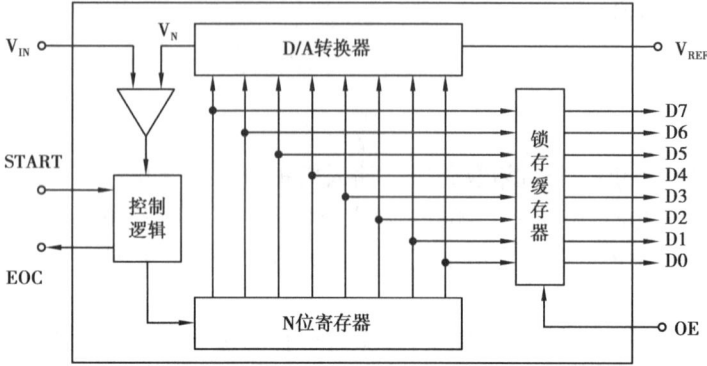

图 5.2　ADC0804 内部框图

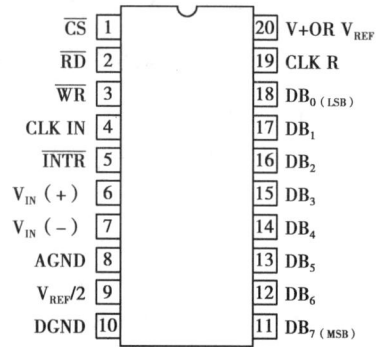

图 5.3　ADC0804 引脚图

ADC0804 芯片引脚分布如图 5.3 所示。

$\overline{\text{CS}}$:片选信号输入端,低电平有效,一旦此信号有效,表明 A/D 转换器被选中,可启动其工作。

$\overline{\text{WR}}$:写信号输入,低电平启动 A/D 转换。

$\overline{\text{RD}}$:读信号输入,低电平输出端有效。

$\overline{\text{INTR}}$:A/D 转换结束信号,低电平表示本次转换已完成。

CLK IN:时钟信号输入端。

$V_{\text{IN}}(+)$,$V_{\text{IN}}(-)$:两模拟信号输入端,用以接单极性、双极性和差模输入信号。

AGND:模拟信号地。

$V_{\text{REF}}/2$:参考电平输入,决定量化单位。

DGND:数字信号地。

DB7 ~ DB0:具有三态特性数字信号输出口。

CLK R:内部时钟发生器的外接电阻端,与 CLK 端配合可由芯片自身产生时钟脉冲。

V + OR:芯片电源 5 V 输入。

根据 A/DC0804 数据手册,其典型接法如图 5.4 所示。

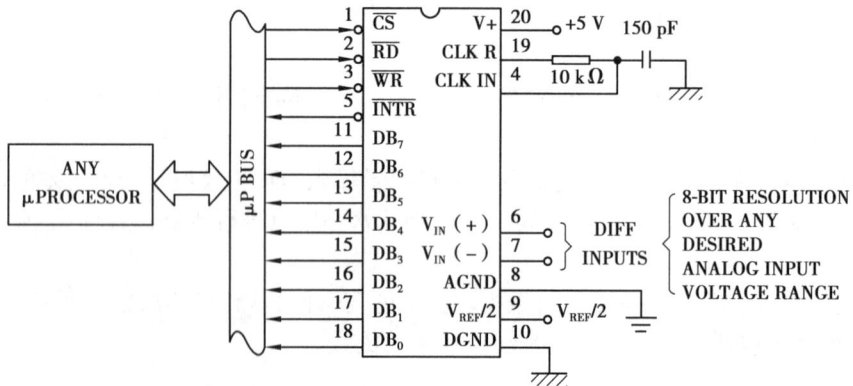

图 5.4　A/DC0804 典型电路设计

A/DC0804 操作时序如图 5.5、图 5.6 所示。

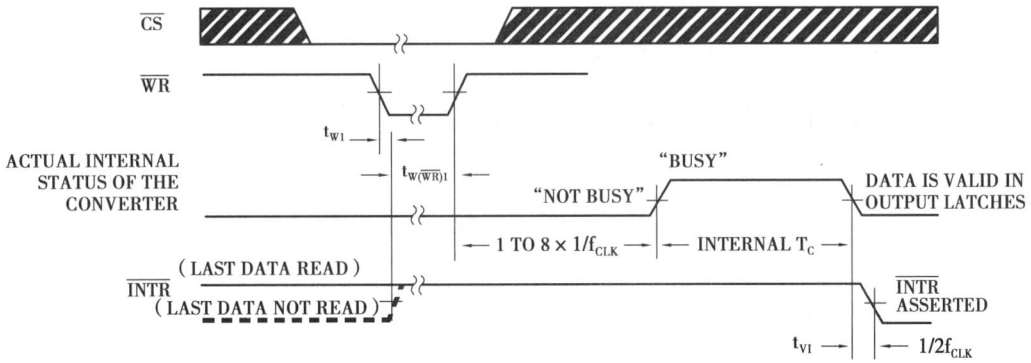

图 5.5 ADC0804 启动转换时序图

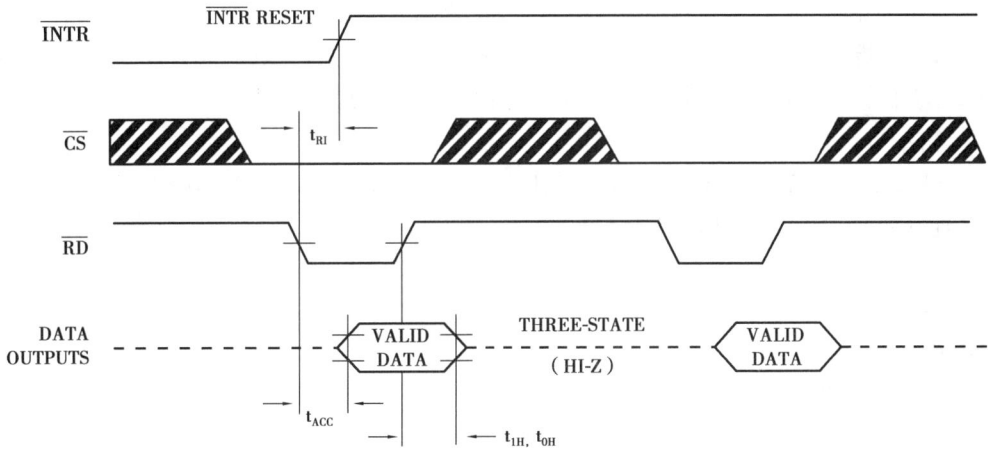

图 5.6 ADC0804 读取数据时序图

二、D/A 转换接口

D/A 转换器输入信号是数字量,经过转换后输出的是模拟量。

1. D/A 转换器的工作原理

数字量是由二进制代码组成的,每位都有一个固定的权数,为了将数字量转换成相应的模拟量,必须将每 1 位的代码按其权的大小转换成对应的模拟量,然后将这些模拟量相加,就可得到与数字量成正比的模拟量,因而实现数/模转换。这就是构成 D/A 转换器的基本思想。

倒 T 形电阻网络 D/A 转换器是目前使用最为广泛的一种形式,其电路结构如图 5.7 所示。

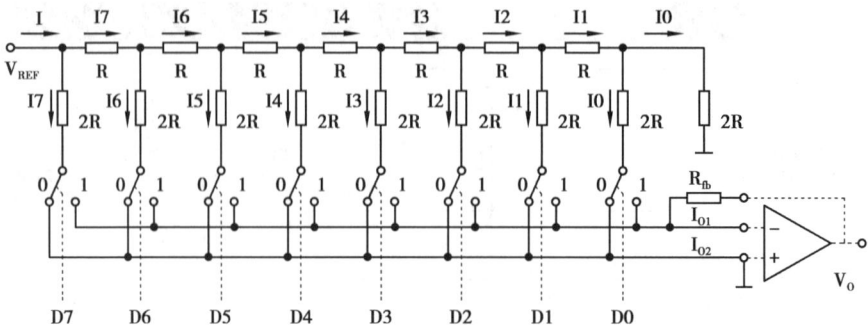

图 5.7 倒 T 形电阻网络 D/A 转换器

当输入数字信号的任何一位是"1"时,对应开关便将 2R 电阻接到运放反相输入端;而当其为"0"时,则将电阻 2R 接地。由图 5.7 可知,按虚断、虚短的计算方法,使得放大器反相输入端的点位为虚地,所以无论开关处于什么状态,都相当于接到了"地"电位上。如果所有开关均接在"1"端,从右端将电阻折算到最左侧,先是 2R∥2R 并联,电阻值为 R,再和 R 串联,又是 2R,一直折算到最左侧,电阻仍为 R,则可写出电流 I 的表达式为

$I = V_{REF}/R$

$I7 = I/2^1$、$I6 = I/2^2$、$I5 = I/2^3$、$I4 = I/2^4$、$I3 = I/2^5$、$I2 = I/2^6$、$I1 = I/2^7$、$I0 = I/2^8$

当输入数据 D7 ~ D0 为 1111 1111B 时,有

$I_1 = I7 + I6 + I5 + I4 + I3 + I2 + I1 + I0 = (I/2^8) \times (2^7 + 2^6 + 2^5 + 2^4 + 2^3 + 2^2 + 2^1 + 2^0)$

$I_{02} = 0$

若 $R_{fb} = R$,则

$$V_O = -I_{01} \times R_{fb}$$
$$= -I_{01} \times R$$
$$= -((V_{REF}/R)/2^8) \times (2^7 + 2^6 + 2^5 + 2^4 + 2^3 + 2^2 + 2^1 + 2^0) \times R$$
$$= -(V_{REF}/2^8) \times (2^7 + 2^6 + 2^5 + 2^4 + 2^3 + 2^2 + 2^1 + 2^0)$$

由此可见:参考电压的大小决定了输出电压的最大值,当参考电压固定时(一般取电源电压),如果数字信号位数也固定的话,输出模拟电压的大小只与要转换的二进制数值有关。利用单片机输出不同的二进制数就能在输出端得到不同的模拟电压。

2. D/A 转换器的输出方式

D/A 转换器大部分是数字电流转换器,在实际中常常需增加输出电路,实现电流电压变换。在变换网络中,电流是单向的,即在 0 和正满度或负满度值之间变化,是单极性的。为了使电流能在正负满度值之间变化,即双极性输出方式,也需要增加输出电路。

单极性输出方式,数字量采用二进制表示大小,输出电路只需要完成电流-电压的变换即可。

双极性输出方式,在二进制算术运算中常常把带符号的数值表示为补码形式,因此 D/A 转换器以补码形式输入的正、负极性分别转换成正、负极性的模拟电压。

现以三位二进制补码为例,说明其转换原理,见表 5.1。

表 5.1　三位二进制补码

补码输入			对应十进制数	输出电压
d2	d1	d0		
0	1	1	+3	+3 V
0	1	0	+2	+2 V
0	0	1	+1	+1 V
0	0	0	0	0 V
1	1	1	−1	−1 V
1	1	0	−2	−2 V
1	0	1	−3	−3 V
1	0	0	−4	−4 V

3. D/A 转换器的参数指标

1)分辨率

D/A 转换器模拟输出电压可能被分离的等级数。

输入数字量位数越多,输出电压可分离的等级越多,即分辨率越高。在实际应用中,常常根据输入数字量的位数表示 D/A 转换器的分辨率。此外,D/A 转换器也可以用能分辨的最小输出电压与最大输出电压之比给出。n 位 D/A 转换器的分辨率可表示为 $1/2^n$。FS 表示满量程输入值,n 为二进制位数。对于 5 V 的满量程,采用 8 位的 DAC 时,分辨率为 5 V/256 = 19.5 mV;当采用 12 位的 DAC 时,分辨率则为 5 V/4 096 = 1.22 mV。显然,位数越多分辨率就越高。

2)线性度

线性度(也称非线性误差)是实际转换特性曲线与理想直线特性之间的最大偏差。常以相对于满量程的百分数表示。如 ±1% 是指实际输出值与理论值之差在满刻度的 ±1% 以内。

3)绝对精度和相对精度

绝对精度(简称精度)是指在整个刻度范围内,任一输入数码所对应的模拟量实际输出值与理论值之间的最大误差。绝对精度是由 DAC 的增益误差(当输入数码为全 1 时,实际输出值与理想输出值之差)、零点误差(数码输入为全 0 时,DAC 的非零输出值)、非线性误差和噪声等引起的。绝对精度(即最大误差)应小于 1 个 LSB。相对精度与绝对精度表示同一含义,用最大误差相对于满刻度的百分比表示。

4)建立时间

建立时间是指输入的数字量发生满刻度变化时,输出模拟信号达到满刻度值的 ±1/2LSB 所需的时间。是描述 D/A 转换速率的一个动态指标。电流输出型 DAC 的建立时间短;电压输出型 DAC 的建立时间主要决定于运算放大器的响应时间。根据建立时间的长短,可以将 DAC 分成超高速(<1 μs)、高速(1～10 μs)、中速(10～100 μs)、低速(≥100 μs)几挡。

应当注意,精度和分辨率具有一定的联系,但概念不同。DAC 的位数多时,分辨率会提高,对应于影响精度的量化误差会减小。但其他误差(如温度漂移、线性不良等)的影响仍会使 DAC 的精度变差。

4. DAC0832 芯片介绍

DAC0832 是使用非常普遍的 8 位 D/A 转换器,由于其芯片内有输入数据寄存器,故可以直接与单片机接口相连接。DAC0832 以电流形式输出,当需要转换为电压输出时,可外接运算放大器。属于该系列的芯片还有 DAC0830,DAC0831,它们可以相互代换。DAC0832 主要特性:

❖ 分辨率 8 位;

❖ 电流建立时间 1 μs;

❖ 数据输入可采用双缓冲、单缓冲或直通方式;

❖ 输出电流线性度可在满量程下调节;

❖ 逻辑电平输入与 TTL 电平兼容;

❖ 单一电源供电(+5 ～ +15 V);

❖ 低功耗,20 mW。

DAC0832 转换芯片为 20 引脚、双列直插式封装,其引脚排列如图 5.8 所示,DAC0832 内部结构框图如图 5.9 所示。

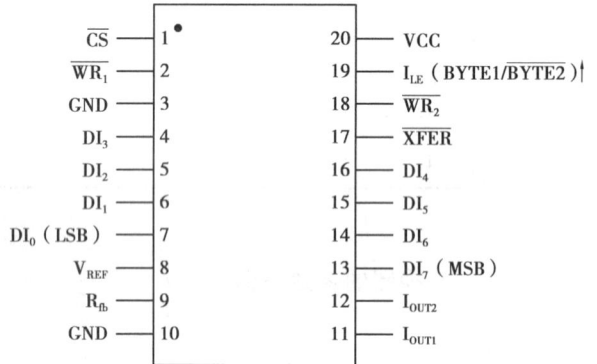

DAC0832 引脚(左侧 1—10,右侧 20—11):

引脚	信号	引脚	信号
1	$\overline{CS}$	20	VCC
2	$\overline{WR_1}$	19	I_{LE} (BYTE1/$\overline{BYTE2}$)
3	GND	18	$\overline{WR_2}$
4	DI_3	17	$\overline{XFER}$
5	DI_2	16	DI_4
6	DI_1	15	DI_5
7	DI_0 (LSB)	14	DI_6
8	V_{REF}	13	DI_7 (MSB)
9	R_{fb}	12	I_{OUT2}
10	GND	11	I_{OUT1}

图 5.8　DAC0832 引脚图

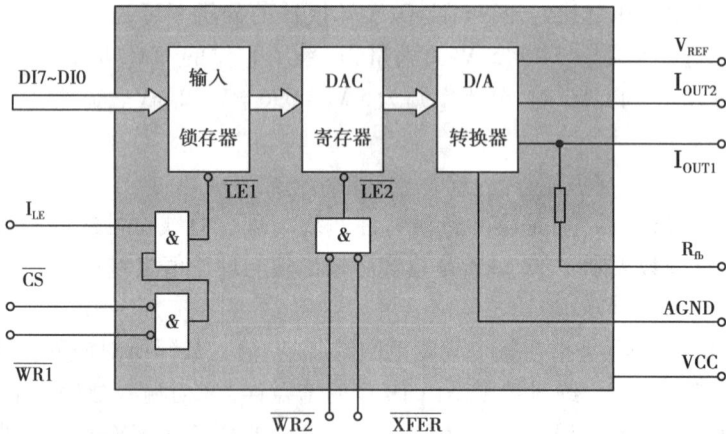

图 5.9　DAC0832 内部框图

（内部框图信号标注：DI7~DI0、输入锁存器、DAC 寄存器、D/A 转换器、V_{REF}、I_{OUT2}、I_{OUT1}、R_{fb}、AGND、VCC、LE1、LE2、I_{LE}、$\overline{CS}$、$\overline{WR1}$、$\overline{WR2}$、$\overline{XFER}$、&）

由上图可知 DAC0832 由输入寄存器和 DAC 寄存器构成两级数据输入锁存。使用时数据输入可以采用两级锁存(双锁存)形式,或单级锁存(一级锁存,一级直通)形式,或直接输入(两级直通)形式。

由 3 个与门电路组成寄存器输出控制逻辑电路,该逻辑电路的功能是进行数据锁存控制。当 $I_{LE} =0$ 时,输入数据被锁存;当 $I_{LE} =1$ 时,锁存器的输出跟随输入的数据。

对 DAC0832 各引脚信号介绍说明:

（1）DI7 ~ DI0：转换数据输入。

（2）CS：片选信号（输入），低电平有效。

（3）I_{LE}：数据锁存允许信号（输入），高电平有效。

（4）WR1：第 1 写信号（输入），低电平有效。

I_{LE} 和 WR1 信号控制输入寄存器是数据直通方式还是数据锁存方式：当 $I_{LE}=1$ 且 WR1 = 0 时，为输入寄存器直通方式；当 $I_{LE}=1$ 且 WR1 = 1 时，为输入寄存器锁存方式。

（5）WR2：第 2 写信号（输入），低电平有效。

（6）XFER：数据传送控制信号（输入），低电平有效。

WR2 和 XFER 信号控制 DAC 寄存器是数据直通方式还是数据锁存方式：当 WR2 = 0 且 XFER = 0 时，为 DAC 寄存器直通方式；当 WR2 = 1 或 XFER = 1 时，为 DAC 寄存器锁存方式。

（7）I_{OUT1}：电流输出 1。

（8）I_{OUT2}：电流输出 2。

DAC 转换器的特性之一是：$I_{OUT1}+I_{OUT2}=$ 常数。

（9）R_{fb}：反馈电阻端。片内集成电阻为 15 kΩ。

DAC0832 是电流输出，为了取得电压输出，需在电压输出端接运算放大器，R_{fb} 即为运算放大器的反馈电阻端。运算放大器的接法如图 5.10 所示。

（10）V_{ref}：基准电压，其电压可正可负，范围为 −10 ~ +10 V。

（11）DGND：数字地。

（12）AGND：模拟地。

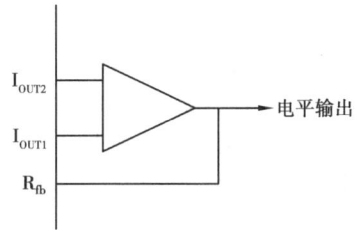

图 5.10　运算放大器的接法

$I_{OUT1}+I_{OUT2}=$ 常数，该常数约为 330 μA，其电流非常小。其中关于 I_{OUT1} 和 I_{OUT2} 的算法如下列公式所示：

$$I_{OUT1}=\frac{V_{REF}}{15\ k\Omega}\times\frac{Digital\ Input}{256}$$

$$I_{OUT2}=\frac{V_{REF}}{15\ k\Omega}\times\frac{255-Digital\ Input}{256}$$

5. DAC0832 接口方式

1）单缓冲工作方式

此方式适用于只有一路模拟量输出或有几路模拟量输出但并不要求同步的系统。单极性工作方式如图 5.11 所示。

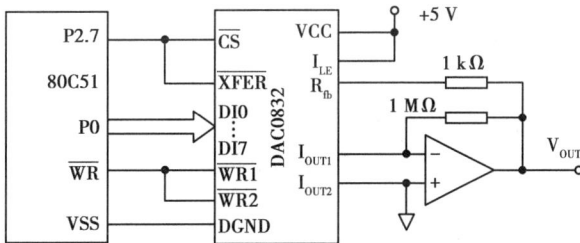

图 5.11　单极性工作方式

73

双极性输出时的分辨率比单极性输出时降低 1/2,这是由于对双极性输出而言,最高位作为符号位,只有 7 位数值位,如图 5.12 所示。

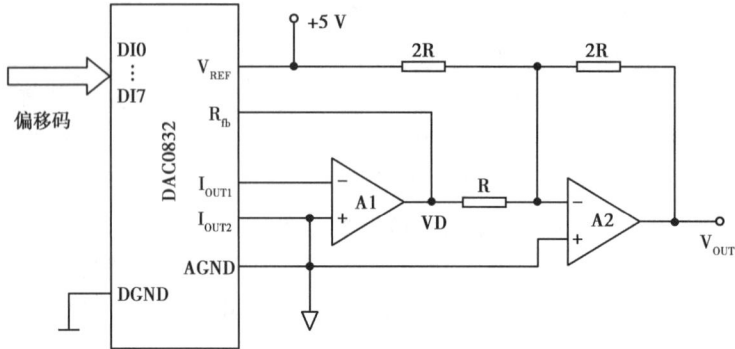

图 5.12　双极性工作方式

2) 双缓冲工作方式

多路 D/A 转换输出,如果要求同步进行,就应该采用双缓冲器同步方式,如图 5.13 所示。

3) 直通工作方式

当 DAC0832 芯片的片选信号、写信号以及传送控制信号的引脚全部接地,允许输入锁存信号 I_{LE} 引脚接 + 5 V 时,DAC0832 芯片就处于直通工作方式,数字量一旦输入,就直接进入 DAC 寄存器,进行 D/A 转换。

6. 典型电路设计

典型电路设计如图 5.14 所示。

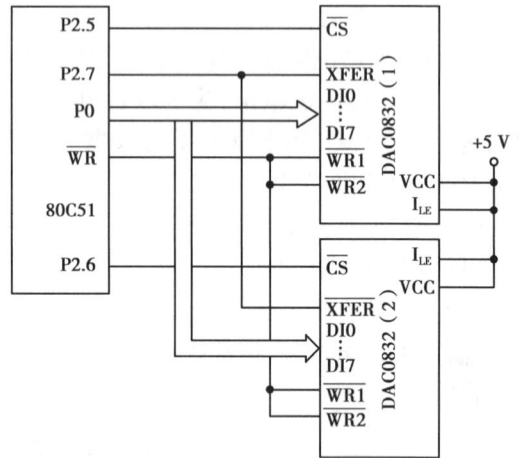

图 5.13　双缓冲工作方式

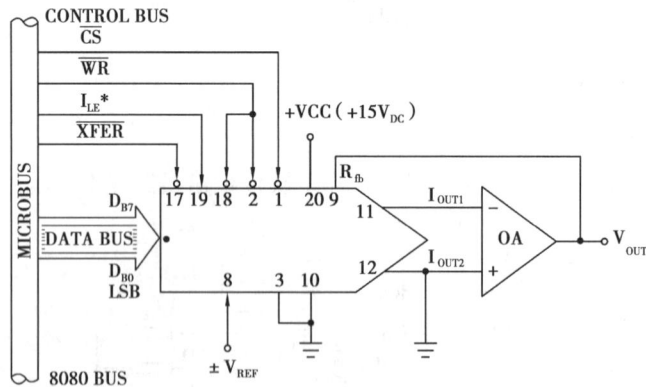

图 5.14　典型电路设计

7. 时序图

时序图如图 5.15 所示。

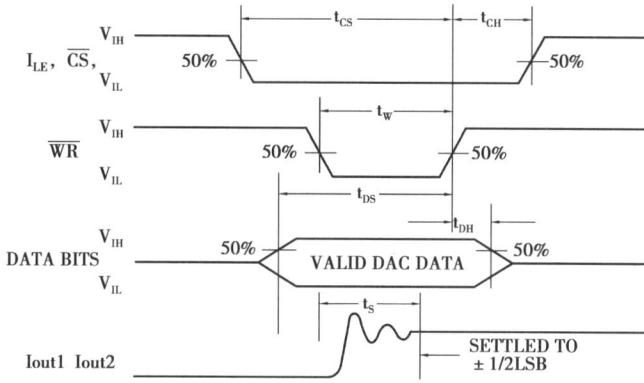

图 5.15 DAC0832 时序图

三、实训电路

实训十二 简易电压表

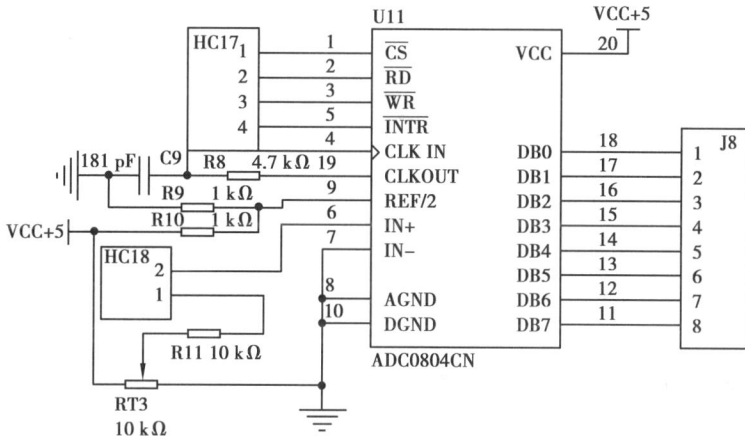

图 5.16 实训电路图

实训要求

根据电位器的调节,1602 显示对应的电压值。

实训分析

根据芯片的时序来写程序。

程序设计

```
#include <reg51.h>
#define uchar unsigned char
#define uint unsigned int
#define LCD_PORT P0          //1602 数据端口
```

```
sbit rs = P2^5;                    //4
sbit rw = P2^6;                    //5
sbit e = P2^7;                     //6
sbit cs1 = P3^4;                   //- - >1PIN
sbit rd = P3^5;                    //- - >2PIN
sbit wr = P3^6;                    //- - >3PIN
#define AD_PORT P1                 //AD 数据接口
float v;                           //当前的电压 单位伏特
uchar AD;
uchar read_ad()                    //读取 AD 转换的结果
{
    uchar ad;
    uchar i;
    cs1 = 0;
    wr = 0;
    wr = 0;                        //简短的延时
    wr = 1;
    cs1 = 1;
    cs1 = 0;
    rd = 0;                        //想读取结果
    rd = 0;                        //简短的延时
    ad = AD_PORT;
    rd = 1;
    cs1 = 1;
    return ad;
}
void write_add(uchar add)          //写入地址
{
    uint x = 300;
    rw = 0;
    rs = 0;                        //表示地址
    LCD_PORT = add;
    e = 1;
    while(x - -);                  //产生延时
    e = 0;
}
void write_data(uchar d)           //写入显示数据(ASCII)
{
    uint x = 300;
```

```
    rw = 0;                        // 表示写入液晶
    rs = 1;                        // 表示数据
    LCD_PORT = d;
    e = 1;
    while(x - -);                  // 产生延时
    e = 0;
}
void LCD_drive(bit x,uchar d)      // LCD 驱动
{
  if(x = = 1)
  {
    write_data(d);
  }
  else
  {
    write_add(d);

  }
}
void LCD1602_init()
{
    uint x = 10000;
    LCD_drive(0,0X38);             // 显示模式设置,8 位接口,5×7,2 行
    LCD_drive(0,0X0e);             // 显示开、光标开和闪
    LCD_drive(0,0X06);             // 地址自动加 1
    LCD_drive(0,0X01);             // 清屏
    while(x - -);
}
void show_string(uchar add,uchar  * p)
{
  LCD_drive(0,add);
  while( * p)
  {
      LCD_drive(1, * p + +);
  }
}
void show_data(uchar add,uint x)  // 显示小于 10000
{
    LCD_drive(0,add);
```

```
      LCD_drive(1,(x/1000)+48);
      LCD_drive(1,(x%1000/100)+48);
      LCD_drive(1,(x%100/10)+48);
      LCD_drive(1,(x%10)+48);
}
void show_float(uchar add,float t)  //显示2位小数
{
  uint x;
  x=t*100;
  LCD_drive(0,add);
  LCD_drive(1,(x/1000)+48);
  LCD_drive(1,(x%1000/100)+48);
  LCD_drive(1,'.');
  LCD_drive(1,(x%100/10)+48);
  LCD_drive(1,(x%10)+48);
}
void main()
{
  LCD1602_init();
  show_string(0x80,"ADC0804");
  while(1)
   {
    AD=read_ad();
    v=AD*0.0174;                    //还原真实电压
    show_data(0xc0,AD);
    show_float(0xc5,v);
   }
}
```

实训现象

液晶第一行显示字符"ADC0804",第二行显示对应的数和电压值。

程序解释

①wr=0;

　wr=0;

单片机运行的速度相对需要的延时时间要长,所以增加一条 wr=0 即可达到要求。

②x=t*100;:扩大100倍,是为了做数据分离。

实训十三　DAC0832 应用一

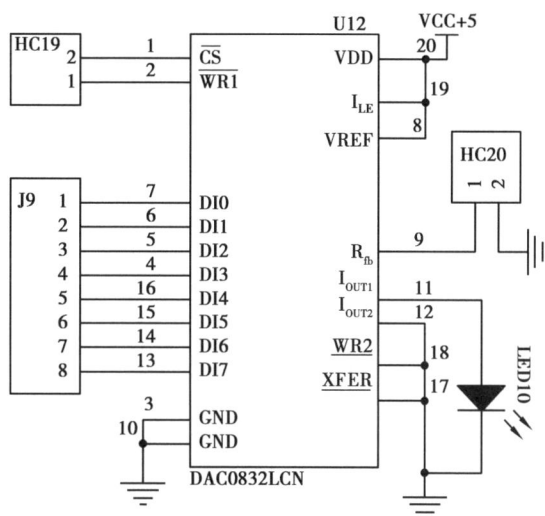

图 5.17　实训电路图

实训要求

用单片机控制 DAC0832 芯片输出电流,使发光二极管 LED10 由熄灭均匀变到最亮,再由最亮均匀熄灭,在最亮和最暗时,蜂鸣器分别报警一声,循环变化。

实训分析

根据电路图可知此时芯片工作为直通方式,通过单片机的 I/O 口控制 DAC0832 的$\overline{CS}$和$\overline{WR1}$两端,数据接口端连接单片机的 P0 口。根据前面的时序图即可编写程序。

程序设计

```
#include  < reg51. h >
#define uint unsigned int
#define uchar unsigned char
sbit cs = P2^0 ;
sbit wr = P2^1 ;
sbit beep = P2^4 ;                    //蜂鸣器接口
void delay( uint t)
{
    uint i,j;
    for( i = t;i > 0;i − − )
      for( j = 114;j > 0;j − − );
}
void dac_0832( )                      //dac0832 函数
{
    uchar flag;
```

79

```
        uchar m;
      cs = 0;
      wr = 0;
    if(flag = =0)
     {
        m + =5;
        P0 = m;
        if(m = =255)
         {
           flag =1;
           beep =0;
           delay(1000);
           beep =1;
         }
        delay(500);
     }
    else
     {
        m - =5;
        P0 = m;
        if(m = =0)
         {
           flag =0;
           beep =0;
           delay(1000);
           beep =1;
         }
        delay(500);
     }
}
void main( )
{
    while(1)
     {
       dac_0832( );
     }
}
```

实训现象

将上述程序下载到单片机内,发光二极管 LED10 由熄灭均匀变到最亮,再由最亮均匀熄灭,在最亮和最暗时,蜂鸣器分别报警一声,循环变化。

程序解释

m + =5;

P0 = m;

如果条件满足,执行一次 m +5 赋给 m,然后把 m 状态赋给 P0 口,进而就能观察发光二极管的状态。

实训十四　DAC0832 应用二

实训要求

用液晶 1602 显示 DAC0832 数字量。

实训分析

与前面实训分析一样,更好地掌握液晶的使用。

程序设计

```
#include  < reg51. h >
#define uint unsigned int
#define uchar unsigned char
sbit cs = P2^0;
sbit wr = P2^1;
sbit rs = P3^7;
sbit rw = P3^6;
sbit e = P3^5;
#define LCD_PORT   P0
uint m;
void write_add( uchar cmd)
{
    uint t = 300;
    rs = 0;
    rw = 0;
    LCD_PORT = cmd;
    e = 1;
    while( t - - );
    e = 0;
}
void write_da( uchar da)
{
    uint t = 300;
    rs = 1;
    rw = 0;
```

```
        LCD_PORT = da;
        e = 1;
        while(t - -);
        e = 0;
}
void LCD_drive(bit x,uchar d)
{
        if(x = = 1)    write_da(d);
        else            write_add(d);
}
void lcd_init()
{
        uint t = 10000;
        LCD_drive(0,0x38);
        LCD_drive(0,0x0c);
        LCD_drive(0,0x06);
        LCD_drive(0,0x01);
        while(t - -);
}
void show_dat(uchar add,uchar x)
{
        LCD_drive(0,add);
        LCD_drive(1,x/100 + 48);
        LCD_drive(1,x% 100/10 + 48);
        LCD_drive(1,x% 10 + 48);
}
void show_ch(uchar add,uchar ch)
{
        LCD_drive(0,add);
        LCD_drive(1,ch);
}
void dac_0832()                          // dac0832 函数
{
        uchar flag;
        cs = 0;
        wr = 0;
        if(flag = = 0)
        {
            m + = 5;
```

```
        P1 = m;
        if( m = = 255 )
        {
            flag = 1;
        }
        delay( 500 );
    }
    else
    {
        m - = 5;
        P1 = m;
        if( m = = 0 )
        {
            flag = 0;
        }
        delay( 500 );
    }
}
void main( )
{
        e = 0;
        lcd_init( );
        show_ch( 0xc0,'A');
        while( 1 )
        {
            dac_0832( );
            show_dat( 0x80,m );
        }
}
```

实训现象

将上述程序下载到单片机内,液晶第一行显示 DAC0832 数字量,第二行显示字符"A"。

程序解释

show_dat(0x80,m); ;因为 m 为全局变量,所以,此时把 m 送给液晶显示函数,从而在液晶上显示其值。

实训总结

通过实例讲解了 A/D 和 D/A 芯片的应用、怎样阅读时序图以及根据时序图编写程序。

实训总结

通过三个实训项目的学习,使读者对 ADC0804 和 DAC0832 有了直观的认识,进而更好地掌握和应用 A/D 和 D/A 转换芯片。

思考题

1. A/D 转换器的分辨率如何表示? 它与精度有何不同?

2. A/D 转换器的三个重要指标是什么?

3. 判断 A/D 转换结束一般可采用几种方式? 每种方式有何特点?

4. D/A 转换器的主要技术指标有哪些? 分辨率是如何定义的? 参考电压的作用是什么?

5. D/A 转换器由哪几部分组成? 各部分的作用是什么?

6. 分析 A/D 转换器产生量化误差的原因;一个 8 位的 A/D 转换器,当输入电压为 0~5V 时,其最大的量化误差是多少?

7. 在 DAC 和 ADC 的主要技术指标中,"量化误差""分辨率"和"精度"有何区别?

项目六
串口通信原理及实现

学习目标

1. 了解串行通信和并行通信的工作原理和功能
2. 掌握串行通信、并行通信方式的编程

相关理论知识

MCS-51 内部除含有 4 个并行 I/O 口外,还有一个串行通信 I/O 口,通过该串行口可以实现与其他计算机系统的串行通信。当远距离传输时电线要求过多,如果用并行方式,成本会增加很多。此时采用串行方式传输成本会降低,传统的串行通信方式是通过单片机自带的串行口进行 RS232 方式的通信。串行通信是以一位数据线传送数据的位信号。

一、串行通信概述

1. 并行通信与串行通信

通信就是指计算机与计算机或外围设备之间的数据传送。通信的数据是由数字"0"和"1"构成的具有一定规则并反映确定信息的一个数据或一批数据。这种数据传送有两种方式,即并行通信和串行通信。

并行通信结构简单,如 16 位并行通信、32 位并行通信等。并行通信的特点是数据的每位被同时传输出去或接收进来,传输速度快。与并行通信不同,串行通信其数据传输是逐位传输,比并行通信传输速度慢。并行通信控制简单、传输速度快,但由于传输线较多,长距离传送时成本高且接收方的各位同时接收存在困难。并行通信如图 6.1 所示。

串行通信传输速度比并行通信慢,但是串行通信时,只需要两根线,一根用于发送,一根用于接收。根据串行通信的不同操作方式,还可以将发送接收线合二为一,成为发送/接收复用线(如半双工)。串行通信的特点:传输线少,长距离传送时成本低,且可以利用电话网等现成的设备,但数据的传送控制比并行通信复杂。串行通信如图 6.2 所示。

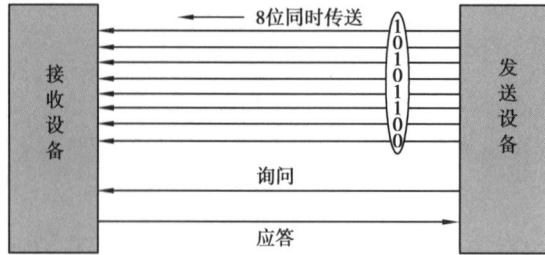

图 6.1　并行通信

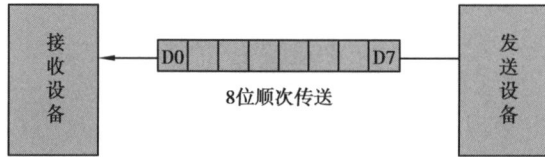

图 6.2　串行通信

2. 异步通信和同步通信

1）异步通信

异步通信传输的数据格式一般由 1 个起始位、7 个或 8 个数据位、1~2 个停止位和 1 个校验位组成。它用一个起始位表示字符的开始,用停止位表示字符的结束。其帧的格式如图6.3所示。

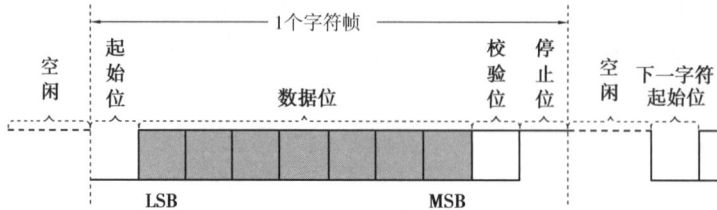

图 6.3　异步通信帧格式

在一帧格式中,先是一个起始位,规定低位在前,高位在后,接着是奇偶校验位(可以省略),最后是停止位。用这种格式表示字符,字符可以一个一个地传送。

在异步通信中,通信双方可以采用独立的时钟频率,起始位触发双方同步时钟。在异步通信中 CPU 和外设之间必须有两项规定,即字符格式和波特率。字符格式的规定是双方能够在对同一种"0"和"1"的串理解成同一个意思,原则上字符格式可以由通信的双方自由制定,但从通用、方便的角度出发,一般还是使用一些标准较好,如可以采用 ASCII 标准。

2）同步通信

同步通信是一种连续串行传送数据的通信方式,一次通信只传输一帧信息。这里的信息帧和异步通信的字符帧不同,通常有若干数据字符,如图 6.4 所示。同步通信的数据传输速率较高,通常可达到 56 000 bit/s 或更高,缺点是要求发送时钟和接收时钟必须

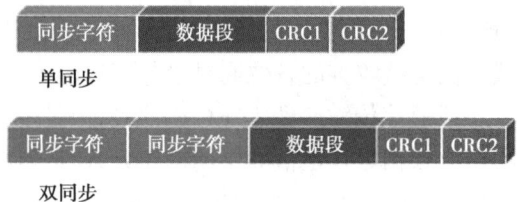

图 6.4　同步通信帧格式

保持严格同步。

3. 串行通信的传输方向

在串行通信中数据是在两个站内之间传送的,按照数据传送方向,串行通信可分为单工、半双工和全双工3种方式,如图6.5所示。

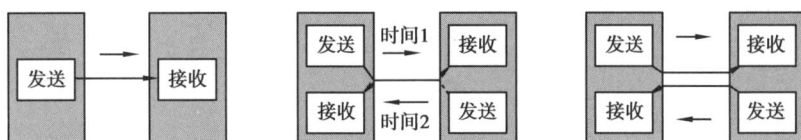

图6.5　串行通信的传输方向

1)单工
单工指数据传输仅能沿一个方向,不能实现反向传输。

2)半双工
半双工指数据传输可以沿两个方向,但需要分时进行。

3)全双工
全双工指数据可以同时进行双向传输。

4. RS232 接口

大多数单片机都具有 RS232 接口,MCS-51 系列单片机自身有一个全双工的串行接口。RS232 的优势:仅需 3 根线便可在两个数字设备之间进行全双工的传送数据。连接器的尺寸及每个插针的排列位置都有明确的定义,(插口)如图6.6所示,功能特性见表6.1。

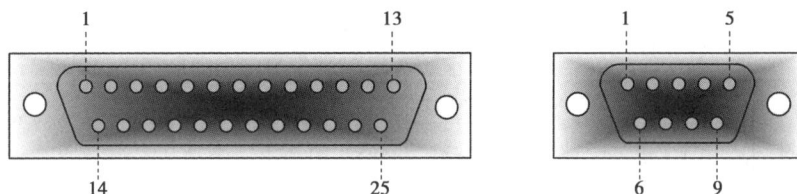

图6.6　RS-232 接口

表6.1　RS-232C 标准接口主要引脚定义

插针序号	信号名称	功　能	信号方向
1	PGND	保护接地	
2(3)	TXD	发送数据(串行输出)	DTE→DCE
3(2)	RXD	接收数据(串行输入)	DTE←DCE
4(7)	RTS	请求发送	DTE→ECE
5(8)	CTS	允许发送	DTE←DCE
6(6)	DSR	DCE 就绪(数据建立就绪)	DTE←DCE
7(5)	SGND	信号接地	
8(1)	DCD	载波检测	DTE←DCE

续表

插针序号	信号名称	功　能	信号方向
20(4)	DTR	DTE 就绪(数据终端准备就绪)	DTE→DCE
22(9)	RI	振铃指示	DTE←DCE

注:插针序号()内为9针非标准连接器的引脚号。

5. RS-232 电平转换器

RS-232 规定了自己的电气标准,因为它是在 TTL 电路之前研制的,所以它的电平不是 +5 V 和地,而是采用负逻辑,即逻辑"0": +5 ~ +15 V;逻辑"1": -5 ~ -15 V。因此,实际应用时必须注意 RS-232C 不能和 TTL 电平直接相连,使用时必须进行电平转换,否则将把 TTL 电路烧坏。常用的电平转换集成电路是传输线驱动器 MC1488 和传输线接收器 MC1489。

MC1488 内部有 3 个与非门和 1 个反相器,供电电压为 ±12 V,输入为 TTL 电平,输出为 RS-232C 电平。MC1489 内部有 4 个反相器,供电电压为 ±5 V,输入为 RS-232C 电平,输出为 TTL 电平。

另一种常用的电平转换电路是 MAX232,与本书配套的实训电路就采用该芯片。图 6.7 为 MAX232 的引脚图。

实验板串口部分电路图如图 6.8 所示。

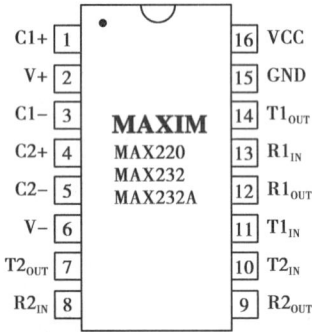

图 6.7　MAX232 的引脚图

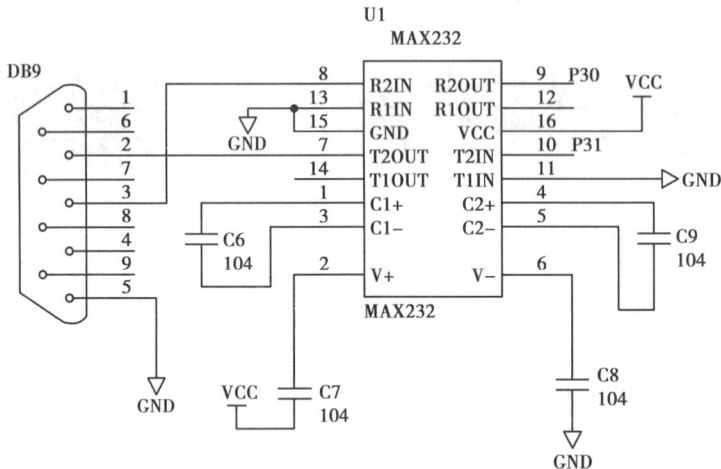

图 6.8　实验板串口部分电路图

数据传输过程如下:MAX232 的第 10 脚接单片机的 P31,TTL 电平从单片机的 TXD 端发出,经过 MAX232 转换为 RS-232 电平后从 MAX232 的 7 脚 T2OUT 发出,再连接到实验板上串口座的第 2 脚,再经过串口线后,连接 PC 机的串口座的第 2 脚 RXD 端,至计算机接收数据。PC 机发送数据从 PC 机串口座第 3 脚 TXD 端发出数据,再逆向流向单片机的 RXD 端 P30 接收数据。

值得注意的是,MAX232 与串口座连接时,无论是数据输出端,还是数据输入端,连接串口座的第 2 引脚或第 3 引脚都可以。选用不同的连接方法时,单片机与计算机之间的串口线要仔细选择,是选择平行串口线还是交叉串口线,是选择母头对母头串口线还是母头对公头串口线,这些非常值得注意。每种选择都有对应的电路,但无论选哪种方式,在单片机与计算机之间必须要有一条数据能互相传输的回路,只要把握好每个交接点就一定能通信成功。

二、8051 串行口结构

8051 单片机的串行口是一个可编程全双工的通信接口,具有 UART(通用异步收发器)的全部功能,能同时进行数据的发送和接收,也可作为同步移位寄存器使用。

8051 单片机的串行口主要由两个独立的串行口数据缓冲器 SBUF(一个发送缓冲寄存器,一个接收缓冲寄存器)和发送控制器、接收控制器、输入移位寄存器及若干控制门电路组成。串行口基本结构如图 6.9 所示。

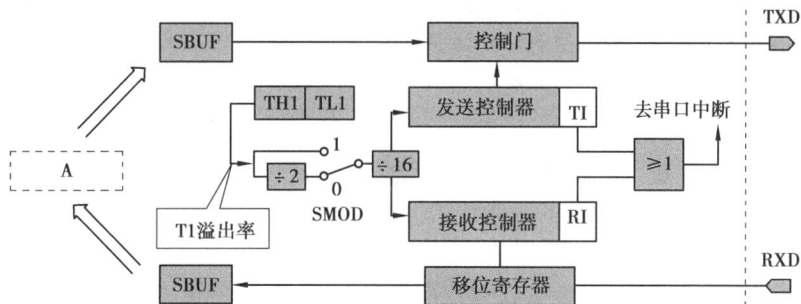

图 6.9 串行口基本结构图

8051 单片机可以通过特殊功能寄存器 SBUF 对串行接收或串行发送寄存器进行访问,两个寄存器共用一个地址 99H,但在物理上两个独立的寄存器,由指令操作决定访问哪一个寄存器;执行写指令时,访问串行发送寄存器;执行读指令时访问串行接收寄存器。接收器具有双缓冲结构,即在从接收寄存器中读出前一个已收到的字符之前,便能接收第二个字节,如果第二个字节已经接收完毕,第一个字节还没读出,则将丢失其中一个字节,编程时应引起注意。对于发送器,因为数据是由 CPU 控制和发送的,所以不需要考虑。

与串行口紧密相关的一个特殊功能寄存器是串行控制寄存器 SCON,它用来设置串行口的工作方式、接收/发送控制以及设置状态标志等。

1.80C51 串行口的控制寄存器

SCON 是一个特殊功能寄存器,用以设定串行口的工作方式、接收/发送控制以及设置状态标志,见表 6.2。

表 6.2

位	7	6	5	4	3	2	1	0	
字节地址:98H	SM0	SM1	SM2	REN	TB8	RB8	TI	RI	SCON

SM0 和 SM1 为工作方式选择位,可选择 4 种工作方式,见表 6.3。

表 6.3　串行口的工作方式

SM0	SM1	方式	说明	波特率
0	0	0	移位寄存器	$f_{osc}/12$
0	1	1	10 位异步收发器(8 位数据)	可变
1	0	2	11 位异步收发器(9 位数据)	$f_{osc}/64$ 或 $f_{osc}/32$
1	1	3	11 位异步收发器(9 位数据)	可变

SM2:多机通信控制位,主要用于方式 2 和方式 3。当接收机的 SM2 =1 时,可以利用收到的 RB8 来控制是否激活 RI(RB8 =0 时不激活 RI,收到的信息丢弃;RB8 =1 时收到的数据进入 SBUF,并激活 RI,进而在中断服务中将数据从 SBUF 读走)。当 SM2 =0 时,无论收到的 RB8 为 0 还是 1,均可以使收到的数据进入 SBUF,并激活 RI(即此时 RB8 不具有控制 RI 激活的功能)。通过控制 SM2,可以实现多机通信。在方式 0 时,SM2 必须是 0;在方式 1 时,若 SM2 =1,则只有接收到有效停止位时,RI 才置 1。

REN:允许串行接收位。由软件置 REN =1,则启动串行口接收数据;若软件置 REN =0,则禁止接收。

TB8:在方式 2 或方式 3 中,是发送数据的第 9 位,可以用软件规定其作用。可以用作数据的奇偶校验位,或在多机通信中,作为地址帧/数据帧的标志位。在方式 0 和方式 1 中,该位未用。

RB8:在方式 2 或方式 3 中,是接收到数据的第 9 位,作为奇偶校验位或地址帧/数据帧的标志位。在方式 1 时,若 SM2 =0,则 RB8 是接收到的停止位。

TB8:在方式 2 或方式 3 中,是发送数据的第 9 位,可以用软件规定其作用。可以用作数据的奇偶校验位,或在多机通信中,作为地址帧/数据帧的标志位。在方式 0 和方式 1 中,该位未用。

RB8:在方式 2 或方式 3 中,是接收到数据的第 9 位,作为奇偶校验位或地址帧/数据帧的标志位。在方式 1 时,若 SM2 =0,则 RB8 是接收到的停止位。

TI:发送中断标志位。在方式 0 时,当串行发送第 8 位数据结束时,或在其他方式,串行发送停止位的开始时,由内部硬件使 TI 置 1,向 CPU 发中断申请。在中断服务程序中,必须用软件将其清 0,取消此中断申请。

RI:接收中断标志位。在方式 0 时,当串行接收第 8 位数据结束时,或在其他方式,串行接收停止位的中间时,由内部硬件使 RI 置 1,向 CPU 发中断申请。在中断服务程序中,必须用软件将其清 0,取消此中断申请。

另一个寄存器 PCON 中只有一位 SMOD 与串行口工作有关,见表 6.4。

表 6.4

位	7	6	5	4	3	2	1	0	
字节地址:97H	SMOD								PCON

SMOD(PCON.7):波特率倍增位。在串行口方式 1、方式 2、方式 3 时,波特率与 SMOD 有关,当 SMOD = 1 时,波特率提高一倍。复位时,SMOD = 0。

2. 串行口方式介绍

1)方式 0

方式 0 是串行口为同步移位寄存器的输入输出方式,主要用于扩展并行输入或输出口。数据由 RXD(P3.0)引脚输入或输出,同步移位脉冲由 TXD(P3.1)引脚输出。发送和接收均为 8 位数据,低位在先,高位在后。波特率固定为 $fosc/12$。

①方式 0 输出(图 6.10)

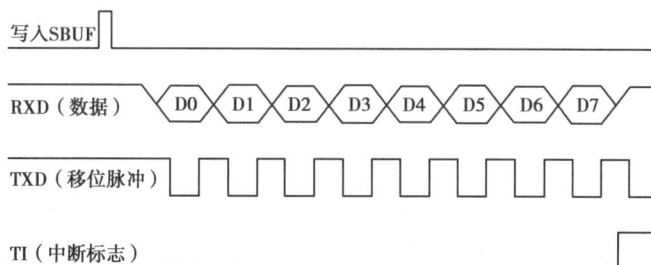

图 6.10　方式 0 输出

②方式 0 输入(图 6.11)

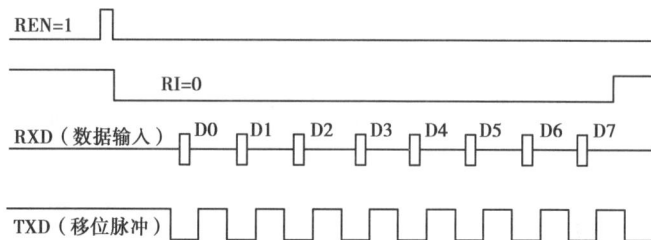

图 6.11　方式 0 输入

2)方式 1

方式 1 是 10 位数据的异步通信口。TXD 为数据发送引脚,RXD 为数据接收引脚,传送一帧数据的格式如图 6.12 所示。其中 1 位起始位,8 位数据位,1 位停止位。

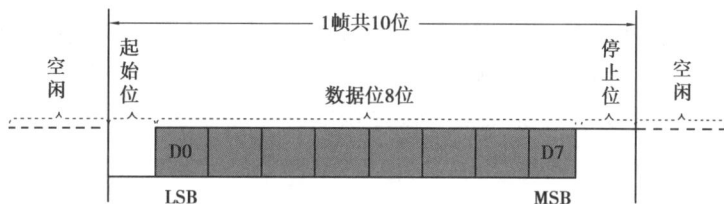

图 6.12　数据帧格式

① 方式 1 输出(图 6.13)

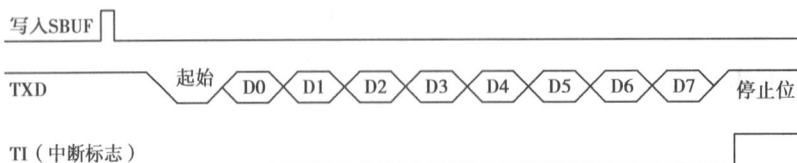

图 6.13　方式 1 输出

② 方式 1 输入(图 6.14)

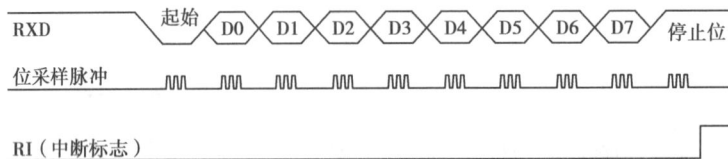

图 6.14　方式 1 输入

用软件置 REN 为 1 时,接收器以所选择波特率的 16 倍速率采样 RXD 引脚电平,检测到 RXD 引脚输入电平发生负跳变时,则说明起始位有效,将其移入输入移位寄存器,并开始接收这一帧信息的其余位。在接收过程中,数据从输入移位寄存器右边移入,起始位移至输入移位寄存器最左边时,控制电路进行最后一次移位。当 RI = 0,且 SM2 = 0(或接收到的停止位为 1)时,将接收到的 9 位数据的前 8 位装入接收 SBUF,第 9 位(停止位)进入 RB8,并置 RI = 1,向 CPU 请求中断。

3)方式 2 和方式 3

方式 2 和方式 3 是 11 位数据的异步通信口。TXD 为数据发送引脚,RXD 为数据接收引脚,如图 6.15 所示。

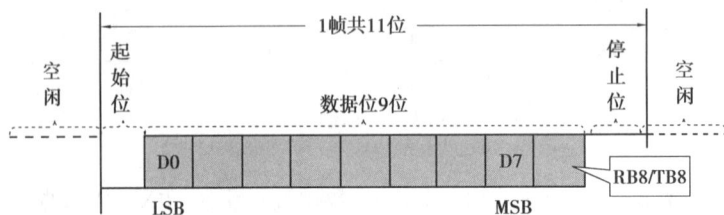

图 6.15　数据帧

方式 2、方式 3 时:起始位 1 位,数据 9 位(含 1 位附加的第 9 位,发送时为 SCON 中的 TB8,接收时为 RB8),停止位 1 位,一帧数据为 11 位。方式 2 的波特率固定为晶振频率的1/64 或 1/32,方式 3 的波特率由定时器 T1 的溢出率决定。

① 方式 2 和方式 3 输出(图 6.16)

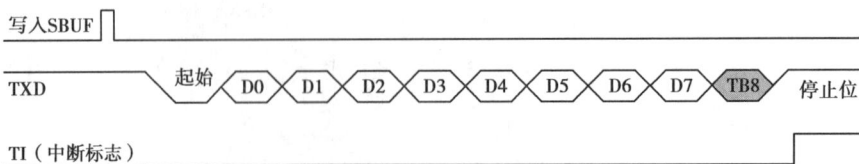

图 6.16　方式 2 和方式 3 输出

发送开始时,先把起始位 0 输出到 TXD 引脚,然后发送移位寄存器的输出位(D0)到 TXD 引脚。每一个移位脉冲都使输出移位寄存器的各位右移一位,并由 TXD 引脚输出。

第一次移位时,停止位"1"移入输出移位寄存器的第 9 位上,以后每次移位,左边都移入 0。当停止位移至输出位时,左边其余位全为 0,检测电路检测到这一条件时,使控制电路进行最后一次移位,并置 TI = 1,向 CPU 请求中断。

②方式 2 和方式 3 输入(图 6.17)

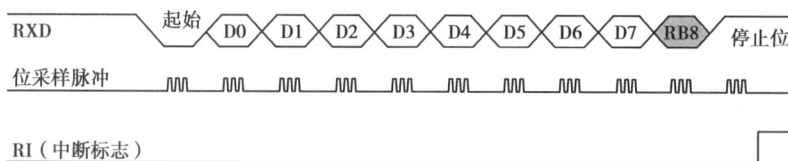

图 6.17　方式 2 和方式 3 输入

接收时,数据从右边移入输入移位寄存器,在起始位 0 移到最左边时,控制电路进行最后一次移位。当 RI = 0,且 SM2 = 0(或接收到的第 9 位数据为 1)时,接收到的数据装入接收缓冲器 SBUF 和 RB8(接收数据的第 9 位),置 RI = 1,向 CPU 请求中断。如果条件不满足,则数据丢失,且不置位 RI,继续搜索 RXD 引脚的负跳变。

3. 波特率的计算

在串行通信中,收发双方对发送或接收数据的速率要有约定。通过软件可对单片机串行口编程为 4 种工作方式,其中方式 0 和方式 2 的波特率是固定的,而方式 1 和方式 3 的波特率是可变的,由定时器 T1 的溢出率来决定。

串行口的 4 种工作方式对应 3 种波特率。由于输入的移位时钟的来源不同,所以,各种方式的波特率计算公式也不相同。

方式 0 的波特率 $= f_{osc}/12$

方式 2 的波特率 $= (2SMOD/64) \cdot f_{osc}$

方式 1 的波特率 $= (2SMOD/32) \cdot (T1 溢出率)$

方式 3 的波特率 $= (2SMOD/32) \cdot (T1 溢出率)$

当 T1 作为波特率发生器时,最典型的用法是使 T1 工作在自动再装入的 8 位定时器方式(即方式 2,且 TCON 的 TR1 = 1,以启动定时器),这时溢出率取决于 TH1 中的计数值。

$$T1 溢出率 = f_{osc}/\{12 \times [256 - (TH1)]\}$$

在单片机的应用中,常用的晶振频率为:12 MHz 和 11.0 592 MHz。所以,选用的波特率也相对固定。常用的串行口波特率以及各参数的关系见表 6.5。

表 6.5　常用波特率与定时器 1 的参数关系

串口工作方式及波特率/Bd		f_{osc}/MHz	SMOD	定时器 T1		
				C/$\overline{T}$	工作方式	初值
方式 1、3	62.5 k	12	1	0	2	FFH
	19.2 k	11.059 2	1	0	2	FDH

续表

串口工作方式 及波特率/Bd		f_{osc}/MHz	SMOD	定时器 T1		
				$C/\overline{T}$	工作方式	初值
	9 600	11.059 2	0	0	2	FDH
	4 800	11.059 2	0	0	2	FAH
	2 400	11.059 2	0	0	2	F4H
	1 200	11.059 2	0	0	2	E8H

串行口工作之前,应对其进行初始化,主要是设置产生波特率的定时器 1、串行口控制和中断控制。具体步骤如下:

确定 T1 的工作方式(编程 TMOD 寄存器);

计算 T1 的初值,装载 TH1、TL1;

启动 T1(编程 TCON 中的 TR1 位);

确定串行口控制(编程 SCON 寄存器);

串行口在中断方式工作时,要进行中断设置(编程 IE、IP 寄存器)。

三、实训电路

实训十五　串口应用一

实训要求

在计算机上用串口调试助手发送一数字"57",波特率设为 9 600 Bd。

实训分析

根据发送寄存器与接收寄存器两者内容相同,if(writerstr! = sendstr),就可判断接收没有完成。在本程序中要设置定时器、波特率和串口的工作方式。

程序设计

```
#include  < reg51. h >
#define uint unsigned int
#define uchar unsigned char
#define    COMPLETE   1
#define   NO_COMPLETE      0
uchar flag = COMPLETE;
uchar buf[16];
uchar writerstr = 0, sendstr = 0;
void serial_init( )
```

```
{
    TMOD = 0X20;                    //定时器 1  0010 0000
    TH1 = 0XFD;                     //波特率设置
    TL1 = 0XFD;
    TR1 = 1;                        //启动定时器 1
    SM0 = 0;                        //串口工作方式 1
    SM1 = 1;
    SM2 = 0;
    REN = 1;                        //允许串口接收
    EA = 1;
    ES = 1;                         //串口中断
}
void serial( ) interrupt 4
{
    if( TI = = 1)
    {
        flag = COMPLETE;
        TI = 0;
    }
    else
    {
        RI = 0;
    }
}
void writebyte( uchar d)            //发送 8bit
{
    buf[ writerstr] = d;
    writerstr + + ;
    writerstr& = 0x0f;             //必须是 2 的整次方
}
void sendbyte( ) //收 8bit
{
    if( writerstr!  = sendstr)
    {
        if( flag = = COMPLETE)
        {
            SBUF = buf[ sendstr];
            sendstr + + ;
            sendstr& = 0x0f;
```

```
            flag = NO_COMPLETE;
            }
        }
    }

    void main( )
    {
        serial_init( );
        writebyte(0x57);
        while(1)
        {
            sendbyte( );
        }
    }
```

实训现象

将上述程序的 hex 文件下载至单片机内,打开串口调试助手,每按一次单片机的复位键,串口调试助手区域就会显示"57"。

程序解释

①TMOD = 0X20;:表示采用的定时器 1,工作在方式 2,因为工作在方式 2 时,定时器初值自动重新装载。

②TH1 = 0XFD;:此时的定时器初值为 0XFD,说明怎样才能得到初值。假设所求的初值为 X,则定时器每计 256 – X 个数溢出一次,每计一个数的时间为一个机器周期,一个机器周期等于 12 个时钟周期,所以计一个数的时间为 12/11.059 2 MHz,那么定时器溢出一次的时间为 [256 – X] ×12/(11.059 2 ×1 000 000),T1 溢出率就是它的倒数,方式 1 的波特率:(2SMOD/32) ×T1 溢出率,此时取 SMOD = 0,波特率为 9 600 Bd,那么由等式 9 600 = (1/32) × (11.059 2 ×1 000 000)/([256 – X] ×12) 得到 X = 253,转换成十六进制数为 0XFD。

③SM0 = 0;SM1 = 1;:表示串口工作在方式 1。

④if(TI = = 1)

```
    {
        flag = COMPLETE;
        TI = 0;
    }
    else
    {
        RI = 0;
    }
```

TI = = 1 表示发送完数据,这是由硬件置位,必须用软件清 0,即 TI = 0。此时 if(TI = = 1) 条件不成立,就表示收完数据,即 RI 被置位,也应该用软件清 0。

⑤buf[writerstr] = d;

writerstr + + ;

writerstr& = 0x0f;

将需要发送的数据放在临时数组里,此时定义的数组长度为16,那么 writerstr 不能超过16,所以用了一条语句实现,即 writerstr& = 0x0f;。

⑥if(writerstr! = sendstr)

```
    {
        if( flag = = COMPLETE )
        {
            SBUF = buf[ sendstr ];
            sendstr + + ;
            sendstr& = 0x0f;
            flag = NO_COMPLETE;
        }
    }
```

应当注意,接收的应该与发送的一样,程序中有 if(writerstr! = sendstr),就说明不相等,说明没有接收完数据,如果此时再继续发送新的数据,就会造成接收错误,接收数据必须在发送完后接收,所以程序是这样来实现的,即 if(flag = = COMPLETE),在此基础上把临时数组的数据放在 SBUF 里,但不能超过数组的最大长度。flag = NO_COMPLETE;的作用是防止在接收的时候继续发送数据。

实训十六 串口应用二

实训要求

通过串口调试助手发送任意字母,在液晶1602上显示对应的 ASCII 码值。

实训分析

将串口收到的数据放在 buf 里面,然后让液晶显示 buf 的值。

程序设计

```
#include  < reg51. h >
#define uint unsigned int
#define uchar unsigned char
uchar buf;//存放串口收到的数据
sbit rs = P3^7;
sbit rw = P3^6;
sbit e = P3^5;
#define LCD_PORT   P0
void write_add( uchar cmd)
{
    uint t = 300;
    rs = 0;
    rw = 0;
```

```c
        LCD_PORT = cmd;
        e = 1;
        while( t - - );
        e = 0;
}
void write_da( uchar da)
{
        uint t = 300;
        rs = 1;
        rw = 0;
        LCD_PORT = da;
        e = 1;
        while( t - - );
        e = 0;
}
void LCD_drive( bit x, uchar d)
{
        if( x = = 1)    write_da( d);
        else            write_add( d);
}
void lcd_init( )
{
        uint t = 10000;
        LCD_drive(0,0x38);
        LCD_drive(0,0x0c);
        LCD_drive(0,0x06);
        LCD_drive(0,0x01);
        while( t - - );
}
void show_da( uchar add, uchar buf)
{
        LCD_drive(0,add);
        LCD_drive(1,buf/100 +48);
        LCD_drive(1,buf/10 +48);
        LCD_drive(1,buf% 10 +48);
}
void show_string( uchar add, uchar * p)
{
        LCD_drive(0,add);
```

```
        while( * p)
        {
          LCD_drive(1, * p + +);
        }
}
void serial_init( )
{
      TMOD = 0X20;
      TH1 = 253;
      TL1 = 253;
      TR1 = 1;
      SM0 = 0;
      SM1 = 1;
      SM2 = 0; //10 位模式
      REN = 1; //允许接收

}
void isr_init( )
{
      EA = 1;
      ES = 1;
}
void serial_isr( )interrupt 4 //串口收发中断
{
      if(RI = = 1) //接收数据引发中断
      {
        RI = 0;
        buf = SBUF;

        ES = 0; //暂停串口中断
        SBUF = buf;
        while(TI = = 0);
        TI = 0;
        ES = 1;
      }
void main( )
{
      e = 0;
      lcd_init( );
```

```
        serial_init();
        isr_init();
        show_string(0xc0,"LCD");
        while(1)
        {

            show_da(0x80,buf);//显示函数
        }
}
```

实训现象

液晶的第一行显示字母对应的 ASCII 码值,第二行显示"LCD"字样。

程序解释

①buf = SBUF;

只能通过全局变量传出去。

②ES = 0;

关闭中断。

③while(TI = =0);

实训总结

通过两种不同的编程方法,让读者对串口的操作比较熟悉。这样单片机就很容易与上位机进行通信。

思考题

1.何为并行通信、串行通信? 其中串行通信的两种基本形式是什么? 请叙述各自原理。何为波特率?

2.串行通信中的数据传送方向有单工、半双工和全双工之分,请叙述各自功能。

3.简述串行接口接收和发送数据的过程。

4.编一个程序,将累加器中的一个字符从串行接口发送出去。

5.利用 8051 单片机串行口控制 8 位发光二极管工作,要求发光二极管每一秒交替地亮、灭,画出电路图并编写程序。

6.试编写一串行通信的数据发送程序,发送片内 RAM 的 20H ~ 2FH 单元的 16 字节数据,串行接口方式设定为方式 2,采用偶校验方式。设晶振频率为 6 MHz。

7.试编写一串行通信的数据接收发送程序,将接收到的 16 字节数据送入片内 RAM30H ~ 3FH 单元中。串行接口设定为方式 3,波特率为 1 200 Bd,晶振频率为 6 MHz。

8.请编制串行通信的数据发送程序,发送片内 RAM50H ~ 5FH 的 16 字节数据,串行接口设定为方式 2,采用偶校验方式。设晶振频率为 6 MHz。

项目七
温度传感器 DS18B20

学习目的

1. 了解单总线的工作原理
2. 掌握温度传感器 DS18B20 操作时序
3. 掌握温度传感器 DS18B20 硬件连接
4. 掌握温度传感器 DS18B20 软件编程

相关理论知识

随着信息技术的飞速发展,能独立工作的温度检测系统已应用于不同领域。传统的温度检测系统大多采用热敏电阻作为传感器。采用热敏电阻作为传感器的温度检测必须经过专门的接口电路转换成数字信号后才能由单片机进行处理,存在成本高、精度低、硬件复杂等缺点。现在温度检测已广泛使用单总线的温度传感器,硬件电路简单可靠。

一、单总线介绍

目前单片机外设的接口形式主要有单总线、I2C 接口、SPI 接口等。SPI 接口与单片机通信需要三根线,I2C 接口也要两根线,而单总线仅需要一根线就可与单片机进行通信。这是美国DSLLLAS 公司推出的单总线技术,既可以传输时钟信号又可以传输数据信号,而数据又是双向传输,因而这种总线技术具有线路简单、成本低廉、便于扩展和维护等优点。

单总线适合于单主机系统,能够控制一个或多个从机设备。主机可以是微处理器,从机可以是单总线器件,它们之间的数据交换只通过一根信号线。当只有一个从机设备时,系统可按单节点系统操作;当有多个从机设备时,系统则按多字节系统操作。主机或从机通过一个漏极开路或三态端口连接到这个数据线,以允许设备在不发送数据时能够释放总线,而让其他设备使用总线。单总线通常要求连接一个约为 4.7 kΩ 的上拉电阻,当总线空闲时,其状态为高电平。主机和从机之间的通信可以通过三个步骤来完成,分别是初始化单总线器件、识别单总线器件及数据交换。由于它们是主从结构,只有主机呼叫从机时,从机才能应答,因此主机访问单总线器件时必须严格遵循单总线命令序列。如果出现序列混乱,单总线器件将不响应主机。

所有的单总线器件都要遵循严格的通信协议,以保证数据的完整性。单总线协议规定了复位信号、应答信号、写"0"、写"1"、读"0"、读"1"的几种时序信号类型。所有的单总线命令序列都是由这些基本的信号类型组成的。在这些信号中,除了应答脉冲外,其他均由主机发出同步信号,并且发送的所有命令和数据的字节都是低位在前。

所有单总线器件的读、写时序至少 60 μs,且每个独立的时序之间至少 1 μs 的恢复时间。在写时序中,主机将在拉低总线 15 μs 之内释放总线,并向单总线器件写"1";如果主机拉低总线后保持至少 60 μs 的低电平,则向总线器件写"0"。单总线器件仅仅在主机发出读时序时才向主机传输数据,所以,当主机向单总线器件发出读数据命令后,马上产生读时序,以便单总线器件能传输数据。

二、DS18B20 概述

1. DS18B20 介绍

在多点温度测量系统中,单总线数字温度传感器因其体积小、构成的系统结构简单等优点,应用越来越广泛。每一个数字温度传感器内均有唯一的 64 位序列号(最低 8 位是产品代码,其后 48 位是器件序列号,最后 8 位是前 56 位循环冗余校验码),只有获得该序列号后才可能对其进行操作,也才能在多个传感器系统中进行识别。

DS18B20 是 DALLAS 公司生产的一线式数字温度传感器,它具有体积小、功耗低、抗干扰性强、高性能等优点,特别适用于构成多点温度测控系统,可直接将温度转化成串行数字信号给单片机处理,且在同一总线上可以挂接多个传感器芯片。它具有 3 引脚 TO-92 小体积封装形式,温度测量范围为 − 55 ~ + 125 ℃,可编程为 9 ~ 12 位 A/D 转换精度,测温分辨率可达 0.062 5 ℃,被测温度用 16 位数字量方式串行输出,其工作电源即可在远端引入,也可采用寄生电源方式产生,多个 DS18B20 可并联到 3 根或 2 根线上,CPU 只需一根端口线就能与多个 DS18B20 通信,占用微处理器的端口少。以上特点非常适用于远距离多点温度检测系统。

2. DS18B20 的特点

独特的单线接口仅需一个端口引脚进行通信:
①简单的多点分布应用。
②无须外部器件。
③可通过数据线供电。
④零待机功耗。
⑤测温范围 − 55 ~ + 125 ℃,以 0.5 ℃递增。
⑥温度数字量转换时间 200 ms(典型值)。
⑦报警搜索命令识别并标注超过程序限定温度的器件。
⑧应用包括温度控制、工业系统、消费品、温度计或任何热感测系统。
⑨适用电压为 3 ~ 5 V。
⑩可编程的分辨率为 9 ~ 12 位可调,对应的可分辨率温度分别为 0.5,0.25,0.125 和0.062 5 ℃。

3. DS18B20 外形及引脚说明

外形及引脚如图 7.1 所示。

引脚说明见表 7.1。

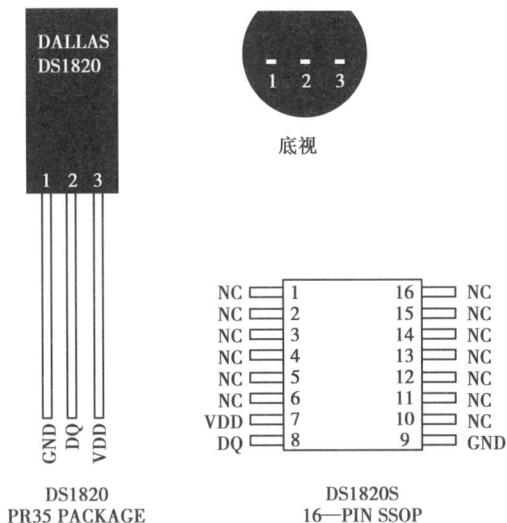

图 7.1　DS18B20 封装图

表 7.1　引脚说明

16 脚 SSOP	PR35	符号	说明
9	1	GND	接地
8	2	DQ	数据输入/输出脚。对于单线操作:漏极开路
7	3	VDD	可选 VDD 引脚

4. DS18B20 内特性

DS18B20 内部结构如图 7.2 所示。DS18B20 有三个主要数字部件:①64 位激光 ROM;②温度传感器;③非易失性温度报警触发器 TH 和 TL。

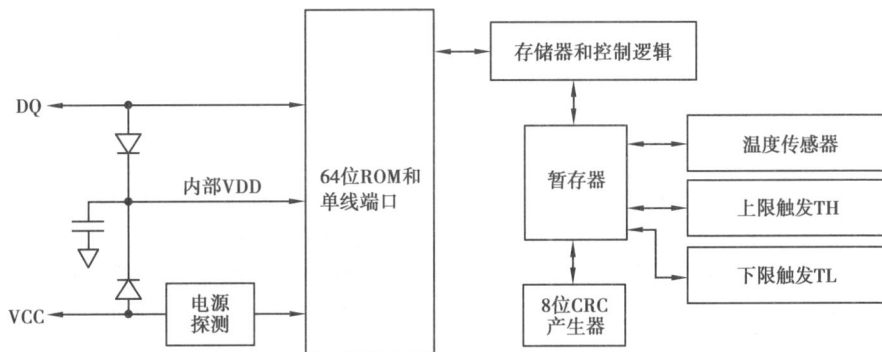

图 7.2　DS18B20 内部结构图

温度数据以补码形式存放,共 16 位,见表 7.2。

表 7.2

15	14	13	12	11	10	9	8	7	6	5	4	3	2	1	0
x	x	x	x	x	x	x	x	x	x	x	x	x	x	x	x

11～15 位表示温度值的符号。如果全"0"表示正温度。全"1"表示负温度。

4～10 位表示检测到温度的整数部分。

0～3 位表示检测到温度的小数部分。

实际温度的计算方法：

首先看高 5 位(11～15)全为"0"是正温度,全是"1"为负温度,剩下 11 位按权展开。例如:读到的 16 位温度值为:00000,0111101,0011 整数部分最高位的权值是 2^6,小数部分最高位的权是 2^{-1}。因为符号为 0,所以温度为正,补码与原码相同。可直接按权展开,按权展开为 61.187 5 ℃

如果读到的温度是:11111 1001001 0000

符号位全为"1"说明是负温度,应该首先求出它的原码(取反再加 1):

取反得：   0000001101101111 +1

再加 1 后得： 0000001101110000

最后按权展开得：－55 ℃。

DS18B20 工作过程一般遵循以下协议:初始化—ROM 操作命令—存储器操作命令—处理数据。

1)初始化

单总线上的所有处理均从初始化序列开始。初始化包括总线主机发出一复位脉冲,接着由从器件送出存在脉冲。存在脉冲让总线控制器知道 DS18B20 在总线上已准备好操作。

2)ROM 操作命令

一旦总线主机检测到从器件的存在,它便可以发出一个器件 ROM 操作命令。所有 ROM 操作命令均为 8 位长。这些命令如下:

①读 ROM【33H】:此命令允许总线主机读 DS18B20 的 8 位产品系列编码、唯一的 48 位序列号以及 8 位的 CRC。此命令只能在总线上仅有一个 DS18B20 的情况下可以使用。如果总线上存在多个从器件,当所有从器件企图同时发送时将发生数据冲突的现象。

②匹配 ROM【55H】:此命令后继以 64 位的 ROM 数据序列,允许总线主机对多点总线上特定的 DS18B20 寻址。只有与 64 位的 ROM 序列严格相符合的 DS18B20 才能对后继的存储器操作命令作出响应。所有与 64 位 ROM 序列不符合的从器件将等待复位脉冲。此命令在总线上有单个或多个器件的情况下均可使用。

③跳过 ROM【CCH】:在单点总线系统中,此命令通过允许总线主机不提供 64 位 ROM 编码而访问存储器操作来节省时间。如果在总线上存在多个从器件而且在跳过 ROM 命令之后发出读命令,那么由于多个从器件同时发送数据,会在总线上发生数据冲突。

④搜索 ROM【F0H】:当系统开始工作时,总线主机可能不知道单线总线上的器件个数或者不知道其 64 位 ROM 编码。搜索 ROM 命令允许总线控制器用排除法识别总线上的所有从器件的 64 位编码。

⑤告警搜索【ECH】:此命令的流程与搜索 ROM 命令相同。但是,仅在最近一次温度测量出现告警的情况下,DS18B20 才对此命令作出响应。告警的条件定义为温度高于 TH 或低于

TL。只要 DS18B20 一上电,告警条件就保持在设置状态,直到另一次温度测量显示出非告警值或改变 TH 和 TL 的设置,使得测量值再一次位于允许的范围之内。存储在 EEPROM 内的触发器值用于告警。

3)存储器命令

①写暂存存储器【4EH】:这个命令向 DS18B20 的暂存器中写入数据,开始位置于地址 2。接下来写入的两个字节将被存到暂存器中的地址位置 2 和 3,可以在任何时刻发出复位命令中止写入。

②读暂存存储器【BEH】:这个命令读取暂存器的内容。读取将从字节 0 开始,一直进行下去,直到第 9 字节读完。如果不想读完所有字节,控制器可以在任何时间发出复位命令中止读取。

③复制暂存存储器【48H】:这条命令把暂存器的内容拷贝到 EEPROM 存储器里,即可把温度报警触发字节存入非易失性存储器里。如果总线控制器在这条命令之后跟着发出读时间隙,而 DS18B20 又正在忙于把暂存器拷贝到 EEPROM 存储器,DS18B20 就会输出一个"0",如果拷贝结束,DS18B20 则输出"1"。如果使用寄生电源,总线控制器必须在这条命令发出后立即启动强上拉,并保持至少 10 ms。

④温度变换【44H】:这条命令启动一次温度转换而无须其他数据。温度转换命令执行后,DS18B20 保持等待状态。如果总线控制器在这条命令之后跟着发出读时间隙,而 DS18B20 又忙于做时间转换的话,DS18B20 将在总线上输出"0",若温度转换完成,则输出"1"。如果使用寄生电源,总线控制器必须在发出这条命令后立即启动强上拉,并保持 500 ms。

⑤重新调整 EEPEOM【B8H】:这条命令把报警触发器里的值拷回暂存器。这种拷回操作在 DS18B20 上电时自动执行,器件一上电暂存器里马上就存在有效的数据了。若在这条命令发出之后读时间隙,器件会输出温度转换忙的标识:"0"为忙,"1"为完成。

⑥读电源【B4H】:若把这条命令发给 DS18B20 后读时间隙,器件会返回它的电源模式:"0"为寄生电源,"1"为外部电源。

5.时序

初始化时序、读写时序分别如图 7.3 ~ 图 7.5 所示。一个复位脉冲跟着一个存在脉冲表明 DS18B20 已经准备好发送和接收数据。

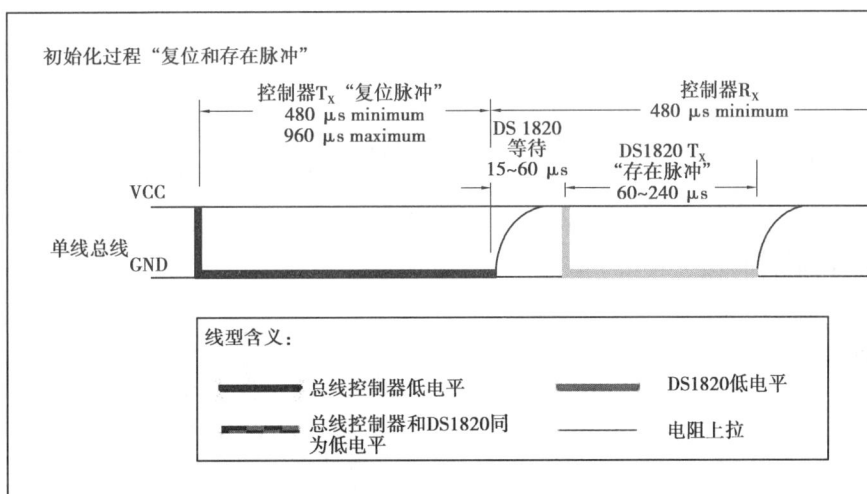

图 7.3 初始化时序图

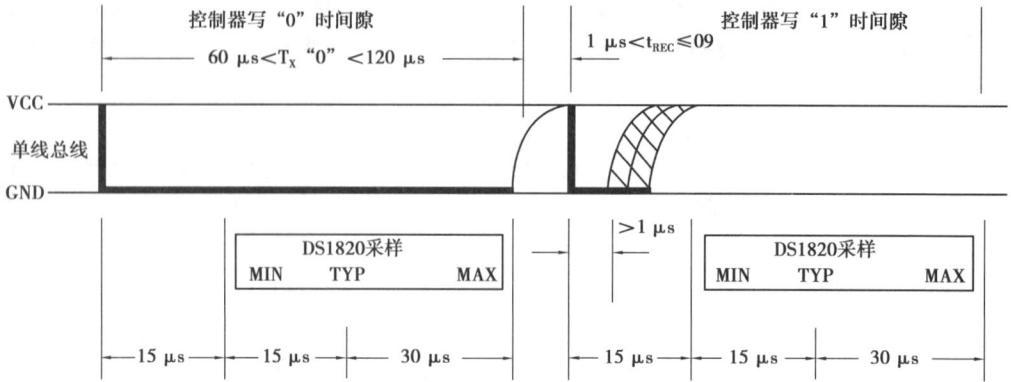

图 7.4 写数据时序图

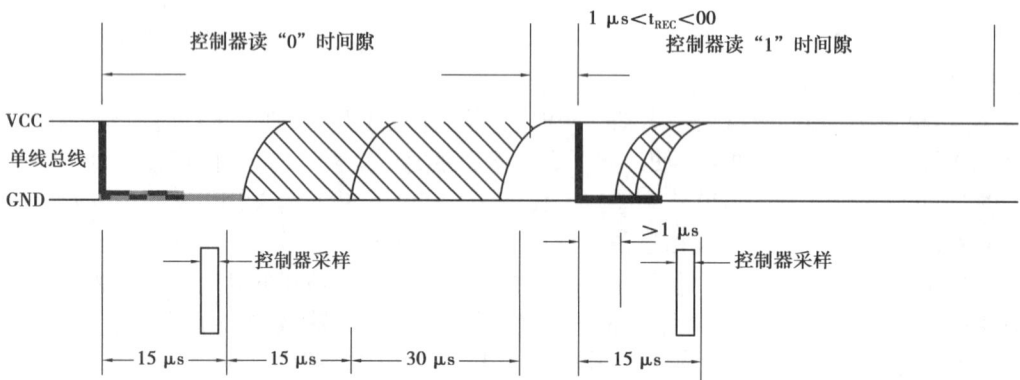

图 7.5 读数据时序图

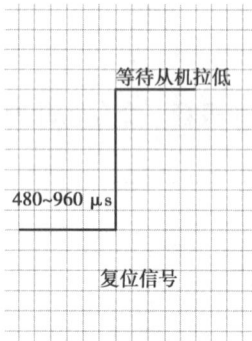

图 7.6 启动信号时序图

6. 简化时序

简化时序简图如图 7.6 所示。

通过时序图可知：

①先将数据线拉为低电平 0。

②延时 480 ~ 960 μs 后。

③数据线拉为高电平 1。

④L 等待延时。如果初始化成功则在 15 ~ 60 ms 内产生一个由 DS18B20 返回的低电平 0，可以确定它的存在。但应注意，不能无限地等待，不然会使程序进入死循环，所以要进行超时判断。

通过时序图可知：

①先将数据线拉为低电平 0。

②延时约 45 μs(15 ~ 60 μs)。

③再将数据线拉为高电平 1。

写 0、写 1 时序图如图 7.7 所示。

①先将数据线拉为低电平 0。

②延时约 1 μs。

③再将数据线拉为高电平 1。

④延时 45 μs(15~60 μs)。

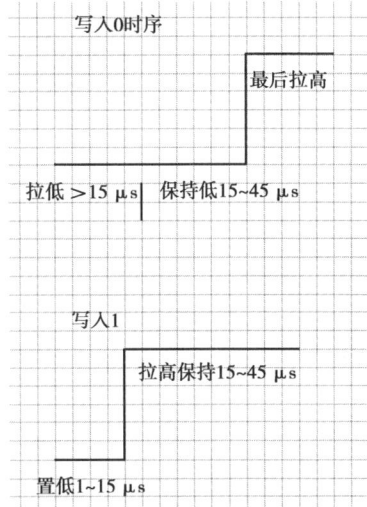

图 7.7 写 0、写 1 时序图

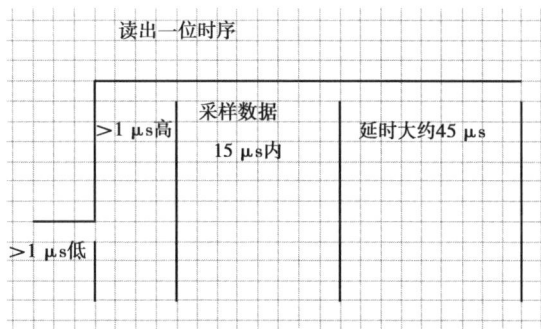

图 7.8 读数据时序图

通过图 7.8 可知:

①先将数据线拉为低电平 0。

②延时约 1 μs。

③再将数据线拉为高电平 1。

④延时约 1 μs。

⑤采样数据。

⑥延时约 45 μs(15~60 μs)。

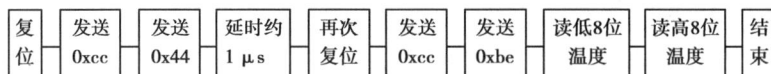

图 7.9 操作过程图

通过图 7.9 可知:

①先发复位信号。

②发送命令 0xcc。

③发送命令 0x44。

④延时约 1 μs。

⑤再次发复位信号。

⑥发送命令 0xcc。

⑦发送命令 0xbe。

⑧读取温度低 8 位数据。

⑨读取温度高 8 位数据。

三、实训电路

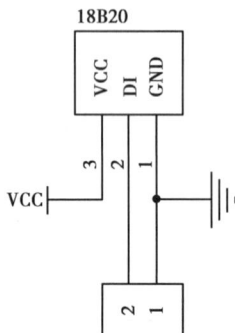

图 7.10　实训电路图

实训十七　DS18B20 室内温度测试

实训要求

根据 DS18B20 的特性,测出环境温度,通过液晶 1602 显示。

实训分析

本次实训是测量环境温度通过液晶显示出来。首先根据 DS18B20 时序图,分别写出 5 个函数:初始化函数、写 0 函数、写 1 函数、读函数、温度读取函数,然后调用液晶程序即可显示。

程序设计

```c
#include  <reg51.h>
#define uint unsigned int
#define uchar unsigned char
sbit rs = P3^7;
sbit rw = P3^6;
sbit e = P3^5;
#define LCD_PORT    P0
float t;                        //当前的温度
sbit dq = P2^3;                 //接口线
bit pn;                         //温度符号标志,1 为负温度,0 为正温度
void delay(uint x)
{
    while(x--);
}
void ds18b20_delay(uchar i)
{
```

108

```
      for( ;i>0;i- -);
}
void send_0( )                       //向 18b20 发送一个 0
{
  dq=0;
  ds18b20_delay(3);                  //是(15~60 μs),等了 40 μs
  dq=1;                              //1 μs
}
void send_1( )                       //发送一个 1
{   volatile char k;
  dq=0;
  k++;
  dq=1;
  ds18b20_delay(3);                  //大约是(15~60 μs),等了 40 μs
}
void send_cmd(uchar cmd)             //向 DS18B20 发送命令　低位先发
{
  uchar i;
  for(i=0;i<8;i++)
  {
    if(cmd&0x01)
      send_1( );                     //发送一个 1
    else
      send_0( );                     //发送一个 0
    cmd>>=1;
     ds18b20_delay(45);
  }
}
uchar receive_18b20( )               //接收 18b20 发送出的 8 位,低位先来
{
  uchar d,i;
  volatile char k;
  for(i=0;i<8;i++)
  {
    d>>=1;                           //0ddd dddd
    dq=0;
    k++;
    dq=1;
    k++;
```

```
        if( dq = =1 )                   // 发 1
        d| = 0x80;
        ds18b20_delay( 55 );            // 至少 45μs
    }
    return d;
}
uchar   start( )                        // 启动 18b20
{
    uchar i;
    dq = 0;
    for( i = 0;i < 8;i + + )
    {
        ds18b20_delay( 70 );            // 大约( 480 ~ 960 μs ) ,705 μs
    }
    i = 0;
    dq = 1;
    while( dq = =1 )                    // 等待 18b20 应答
    {
      i + + ;
      if( i > 250 )
      {
        return 1;                       // 表示没有应答
      }
    }
      i = 0;
      while( dq = =0 )                  // 等待 18b20 释放总线
      {
        i + + ;
        if( i > 250 )
        {
          return 2;                     // 表示有问题
        }
      }
    return 0;                           // 表示检测是存在的
}
    void get_temp( )                    // 温度读出 18b20 的温度
    {
      uchar st;
       uint tt;
```

```
    uchar tH;                          //温度高 8 位
    uchar tL;                          //温度低高 8 位
    st = start();
    send_cmd(0xcc);                    //跳过序列号的匹配
    send_cmd(0x44);                    //开始转换温度
    delay(1000);
    st = start();
    send_cmd(0xcc);
    send_cmd(0xbe);                    //读温度 RAM
    tL = receive_18b20();             //温度低 8 位
    tH = receive_18b20();             //温度高 8 位
    tt = tH;
    tt < < = 8;
    tt| = tL;
    t = tL;
    if(tH&0x80)                        //说明是负温度
        {
            pn = 1;
            tt = ( ~ tt) + 1;          //取反加 1
        }
        else pn = 0;
        t = tt * 0.0625;               //还原真实温度
}
void write_add(uchar cmd)
{
    uint t = 300;
    rs = 0;
    rw = 0;
    LCD_PORT = cmd;
    e = 1;
    while(t - -);
    e = 0;
}
void write_da(uchar da)
{
    uint t = 300;
    rs = 1;
    rw = 0;
    LCD_PORT = da;
```

```
        e = 1;
        while( t - - );
        e = 0;
    }
    void LCD_drive( bit x, uchar d)
    {
        if( x = = 1 )    write_da( d);
        else             write_add( d);
    }
    void lcd_init( )
    {
        uint t = 10000;
        LCD_drive( 0,0x38);
        LCD_drive( 0,0x0c);
        LCD_drive( 0,0x06);
        LCD_drive( 0,0x01);
        while( t - - );
    }
    void show_string( uchar add, uchar * p)
    {
        LCD_drive( 0,add);
        while( * p)
        {
            LCD_drive( 1, * p + + );
        }
    }
    void show_float( uchar add)          //显示 1 位小数
    {
        uint x;
        x = ( uint)( t * 10);
        LCD_drive( 0,add);
        LCD_drive( 1,( x/100) +48);
        LCD_drive( 1,( x% 100/10) +48);
        LCD_drive( 1,'.');
        LCD_drive( 1,( x% 10) +48);
    }
    void main( )
    {   lcd_init( );
        ds18b20_delay( 3);
```

```
    show_string(0x80,"DS18B20");
    while(1)
    {
        get_temp();                      //读温度
        show_float(0xc0);
    }
}
```

实训现象

将上述程序下载至单片机内,液晶第一行显示字符"DS18B20",第二行显示环境实时温度值。

程序解释

①volatile char k;k + +;此语句的作用是延时,大约延时 1 μs。

②if(cmd&0x01):如果表达式为真,也就是 cmd 的最低位为 1 时,条件满足。

③tt = tH;

　tt < < =8;

　tt| =tL;

tt =tH;:将温度高 8 位数据赋给变量 tt。这样 tt 的低 8 位就有了数据。

tt < < =8;:将 tt 左移 8 位,这样 tt 高 8 位有了数据,低 8 位空着,为了装温度的低 8 位数据。

tt| =tL;:tt 与温度低 8 位数据相或,这样温度的高 8 位和低 8 位数据一块装好了。

④if(tH&0x80):说明 tH 的最高位为 1,因为温度存储是以补码方式存储的。

tt = (～tt) +1;:求其原码。

思考题

1. DS18B20 的总线方式是什么?

2. 使用 DS18B20 检测负温度时,单片机得到的温度数据为补码,数字温度计程序中是怎样得到原码的?

3. 利用 DS18B20 内部的 EEPROM 可以存储温度的上下限,加上两个按键,在 DS18B20 驱动程序的基础上,请设计一个带有温度上下限设定的恒温控制系统,并编写程序。利用仿真电路实现:当测量温度低于设定的下限时,单片机控制继电器吸合;当温度达到上限时,继电器释放。

4. 查找有关书籍,了解使用多个 DS18B20 器件实现多点测温的方法与程序设计。

5. 在实际的恒温箱控制系统中,由于受到恒温箱热量丢失、恒温空间热循环速度以及加热部件余热等因素的影响,简单的温度控制并不能达到恒温控制的目的。为了得到比较精确的控温效果,恒温控制一般采用比例控制原理。请思考怎样采用单片机系统实现恒温箱的比例控制?

项目八
I²C 总线应用——AT24C02

学习目的

1. 了解 I²C 总线
2. 掌握 AT24C02 应用

相关理论知识

一、I²C 总线概述

1. I²C 总线基本概念

I²C 总线即"内部集成电路总线"。I²C 总线是 Philips 公司推出的一种双向二线制总线，目前 Philips 公司和其他集成电路制造商推出了很多基于 I²C 总线的外围器件。I²C 总线包括一条数据线（SDA）和一条时钟线（SCL）。协议允许总线接入多个器件，并支持多主工作。总线按照一定的通信协议进行数据交换。在每次数据交换开始时，作为主控器的器件需要通过总线竞争获得主控权，并启动一次数据交换。系统中各个器件都具有唯一的地址，各器件之间通过寻址确定数据接收方。

2. I²C 总线的系统结构

一个典型的 I²C 总线标准的 IC 器件，其内部结构除了 I²C 接口电路外，还可将内部各单元电路划分成若干个相对独立的模块。它只有两根线，一根是双向的数据线 SDA，另一根是时钟线 SCL。CPU 可以通过指令对各功能模块进行控制。各种被控制电路均并联在这条总线上，就像电话机一样只有拨通各自的号码才能工作，所以每个电路和模块都有唯一的地址，在信息的传输过程中，I²C 总线上并接的每一模块电路既是主控器（或被控器）又是发送器（或接收器）。CPU 发出的控制信号分为地址码和数据码两部分，地址码用来选择地址，即接通需要控制的电路，确定控制的种类；数据码决定应该调整的类别及需要调整的量。这样，各控制电路虽然挂接在同一条总线上，却彼此独立。I²C 总线通过上拉电阻接正电源。当总线空闲时，两根线均为高电平。连到总线上的任一器件输出的低电平,都将使总线的信号变低,即各器件的 SDA 及 SCL 都是线"与"关系。I²C 总线接口电路如图 8.1 所示。

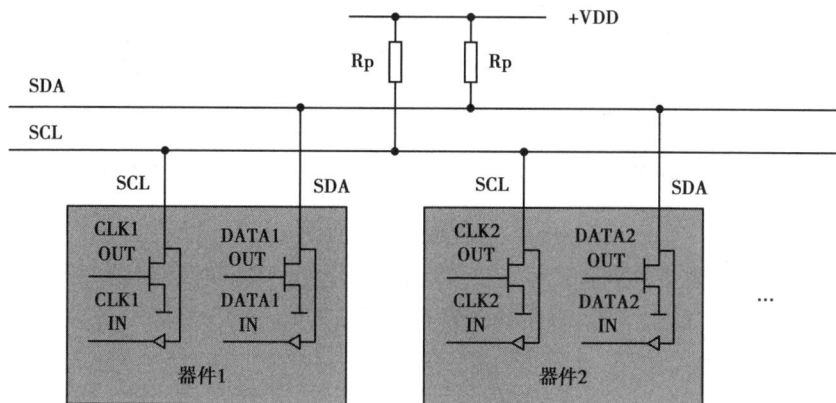

图 8.1　I²C 总线系统硬件结构图

3. I²C 总线的数据传送

1)数据位的有效性规定

I²C 总线进行数据传送时,时钟信号为高电平期间,数据线上的数据必须保持稳定,只有在时钟线上的信号为低电平期间,数据线上的高电平或低电平状态才允许变化。I²C 总线发送器发送到 SDA 线上的每个字节必须为 8 位长度,传送时高位在前,低位在后。与之对应,主器件在 SCL 线上产生 8 个脉冲;第 9 个脉冲低电平期间,发送器释放 SDA 线,接收器把 SDA 线拉低,以给出一个接收确认位;第 9 个脉冲高电平期间,发送器收到确认位后开始下一字节的传送,下一个字节的第 1 个脉冲低电平期间接收器释放 SDA。每个字节需要 9 个脉冲,每次传送的字节数是不受限制的,如图 8.2 所示。

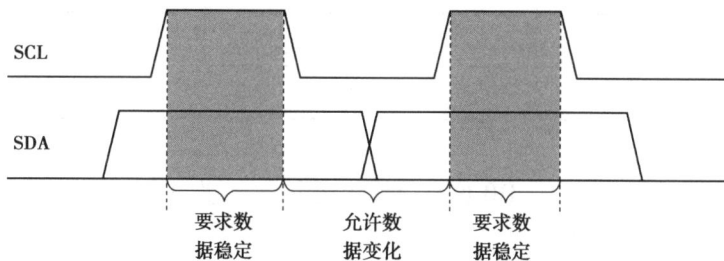

图 8.2　I²C 总线数据位的有效性规定

2)起始和终止信号

SCL 线为高电平期间,SDA 线由高电平向低电平的变化表示起始信号;SCL 线为高电平期间,SDA 线由低电平向高电平的变化表示终止信号。起始和终止信号都是由主机发出的,在起始信号产生后,总线就处于被占用的状态;在终止信号产生后,总线就处于空闲状态,如图8.3 所示。

3)应答信号

I²C 总线协议规定,每传送一个字节数据后,都要有一个应答信号,以确定数据传送是否

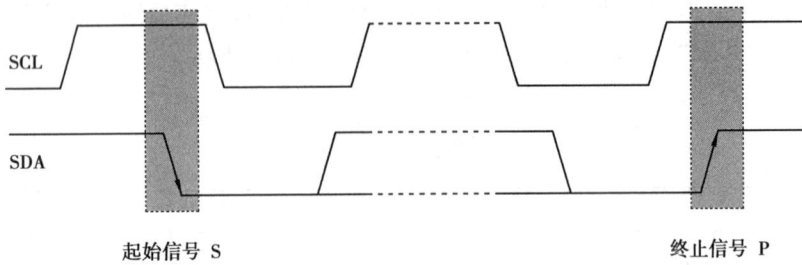

图 8.3　I^2C 总线数启动时序图

被对方收到，应答信号由接收设备产生，在 SCL 信号为高电平期间，接收设备将 SDA 拉为低电平，表示数据传输正确，产生应答，时序如图 8.4 所示。

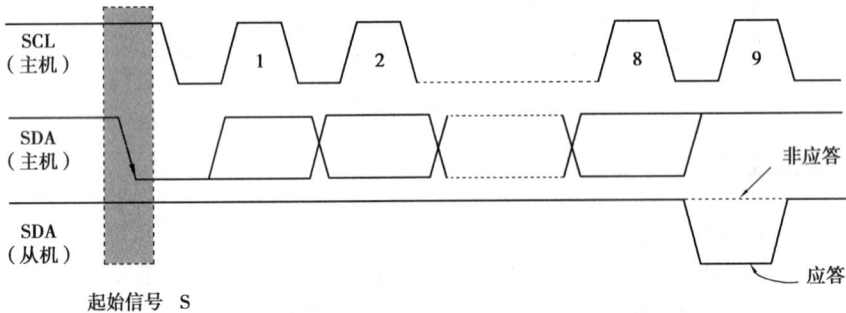

图 8.4　I^2C 总线数应答时序图

4)总线的寻址

I^2C 总线协议有明确的规定:采用 7 位的寻址字节(寻址字节是起始信号后的第一个字节)。寻址字节的位定义,见表 8.1。

表 8.1

位	7	6	5	4	3	2	1	0
	\multicolumn{7}{c}{从机地址}							$R/\overline{W}$

D7 ~ D1 位组成从机的地址。D0 位是数据传送方向位,为"0"时表示主机向从机写数据,为"1"时表示主机由从机读数据。

主机发送地址时,总线上的每个从机都将这 7 位地址码与自己的地址进行比较,如果相同,则认为自己正被主机寻址,根据 R/位将自己确定为发送器或接收器。

从机的地址由固定部分和可编程部分组成。在一个系统中可能希望接入多个相同的从机,从机地址中可编程部分决定了可接入总线该类器件的最大数目。如一个从机的 7 位寻址位有 4 位是固定位,3 位是可编程位,这时仅能寻址 8 个同样的器件,即可以有 8 个同样的器件接入到该 I^2C 总线系统中。

4.单片机模拟 I^2C 总线通信

主机可以采用不带 I^2C 总线接口的单片机,如 80C51,AT89C2051 等单片机,利用软件实

现 I²C 总线的数据传送，即软件与硬件结合的信号模拟。为了保证数据传送的可靠性，标准的
I²C 总线的数据传送有严格的时序要求。I²C 总线的起始信号、终止信号、发送"0"及发送"1"
的模拟时序如图 8.5 所示。

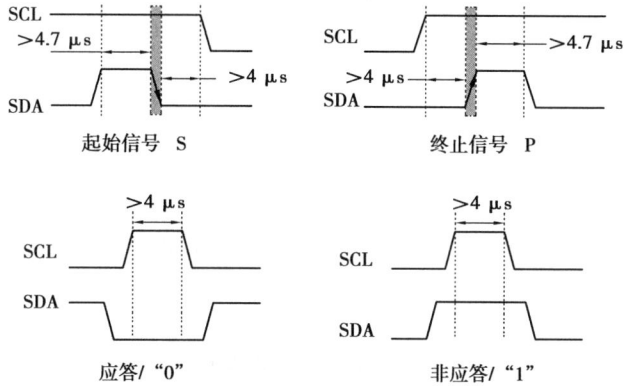

图 8.5 I²C 总线数模拟时序图

5. 典型信号模拟子程序

```
void i2_delay( )                    //i2c 专用延时 4.7 μs
{
    volatile   uchar i;             //volatile 防止编译软件优化
      i + + ;
      i - - ;
}
void start_ic( )                    //启动起始信号
{
    sda = 1 ;
    scl = 1 ;                       //空闲
    i2_delay( ) ;
    sda = 0 ;
    i2_delay( ) ;
    scl = 0 ;                       //表示有数据
}
void send_8bit_ic( uchar d)         //主机发送 8BIT 到 I²C 从器件高位先发
{
    uchar i ;
      for( i = 0 ;i < 8 ;i + + )
      {
        scl = 0 ;
      if( d&0x80)    sda = 1 ;
      else           sda = 0 ;
      scl = 1 ;
```

```
                d < < = 1;
            }
    }
    void wait_ack()                    //等待从机应答
    {
        uchar i;
        scl = 0;
        sda = 1;                        //发送应答位
        scl = 1;
        while(sda = = 1)                //等待从机应答(拉低数据线)
        {
            i + +;
            if(i > = 200)              //为了跳出死循环
            {
                break;
            }
        }
        scl = 0;                        //结束应答了
    }
    void i2c_stop()                     //停止信号
    {
        sda = 0;
        scl = 1;
        i2_delay();                     //延时 4.7 μs
        sda = 1;
    }
    uchar receive_8bit()                //收从机发回的 8 位
    {
        uchar d, i;
        for(i = 0; i < 8; i + +)
        {
            scl = 1;                    //数据就出来了
            d < < = 1;
            if(sda = = 1)
            d| = 0x01;
            scl = 0;
        }
        return d;
    }
```

6. I^{2}C 总线器件的扩展

扩展电路如图 8.6 所示。

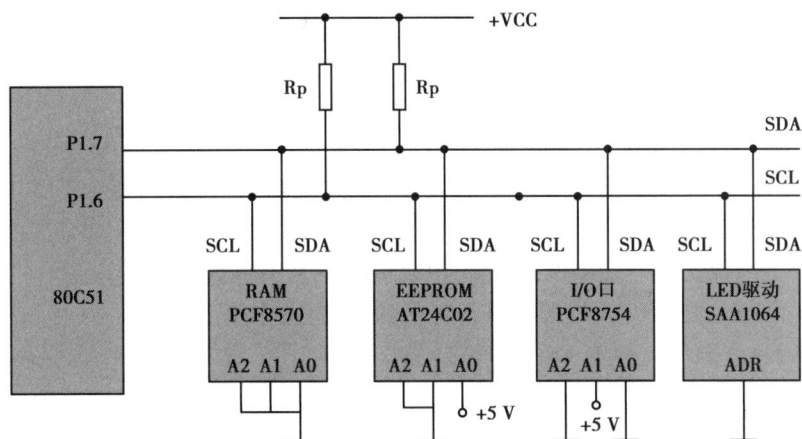

图 8.6　扩展电路

7. 串行 E^{2}PROM 典型产品

ATMEL 公司的 AT24C 系列：
AT24C01:128 字节(128 ×8 位)；
AT24C02:256 字节(256 ×8 位)；
AT24C04:512 字节(512 ×8 位)AT24C08:1 kB 字节(1 kB ×8 位)；
AT24C16:2 kB 字节(2 kB ×8 位)。

二、AT24C02 介绍

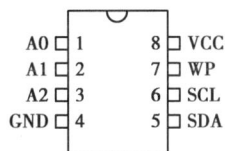

图 8.7　AT24C02 引脚图

AT24C02 芯片的两种常用封装形式,即直插(DIP8)和贴片(SO-8)两种,AT24C02 是美国 ATMEL 公司的低功耗 CMOS 串行 EEPROM,它内含 256 个 8 位字节的存储空间,具有工作电压宽(1.8 ~6 V)、擦写次数多(可达 10 万次)的优点。其引脚如图 8.7 所示。

1. 功能描述

AT24C02 支持 I^{2}C 总线数据传送协议,I^{2}C 总线协议规定:任何将数据传送到总线的器件作为发送器,任何从总线接收数据的器件作为接收器。数据传送是由产生串行时钟和所有起始停止信号的主器件控制的。主器件和从器件都可以作为发送器和接收器,但由主器件控制传送数据的模式,通过器件地址输入端 A0,A1 和 A2 可以实现将最多 8 个 AT24C02 器件连接到总线上。

2.引脚功能说明

1,2,3(A0,A1,A2)——可编程地址输入端。这些输入脚用于多个器件级联时设置器件地址,当这些脚悬空时默认值为 0。如果只有一个 AT24C02 被总线寻址,这 3 个地址输入脚可悬空或连接到 VSS。

4(GND)——电源地。

5(SDA)——串行数据输入/输出端。

6(SCL)——串行时钟。在该引脚的上升沿时,系统将数据输入到每个 EEPROM 器件,在下降沿时输出。

7(WP)——写保护端。如果 WP 管脚连接到 VCC,所有的内容都被写保护(只能读)。当 WP 管脚连接到 VSS 或悬空,允许器件进行正常的读/写操作。

8(VCC)——电源。一般接 +5 V 电压。

3.存储结构与寻址

AT24C02 的容量为存储 2 kB,内部分成 32 页,每页 8 字节,共 256 字节,操作时有两种寻址方式:芯片寻址和内子地址寻址。

芯片寻址。AT24C02 的芯片地址为 1010,其地址控制字格式为 1010A2A1A0R/W。其中 A2,A1,A0 为可编程地址选择位。A2,A1,A0 引脚接高、低电平后得到确定的 3 位编码,与 1010 形成 7 位编码,即为该器件的地址码,R/W 为芯片读写控制位,该位为 0,表示对芯片进行写操作;该位为 1,表示对芯片进行操作读操作。

片内子地址寻址。芯片寻址可对内部 256 字节中的任一个进行读/写操作,其寻址范围为 00 ~ FF,共 256 个寻址单元。

4.读写操作

1)字节写

在字节写模式下,主器件发送起始命令和从器件地址信息(R/W 置 0)给从器件,在从器件产生应答信号后,主器件发送 AT24C02 字节地址,主器件在收到从器件的另一个应答信号后,再发送数据到被寻址的存储单元。AT24C02 再次应答,并在主器件产生停止信号后开始内部数据的擦写,在内部擦写过程中,AT24C02 不再应答主器件的任何请求,如图 8.8 所示。

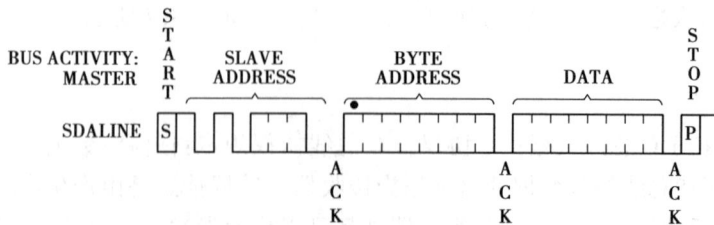

图 8.8　字节写入方式发送格式

2)选择性读操作

选择性读操作允许主器件对寄存器的任意字节进行读操作,主器件首先通过发送起始信号、从器件地址和它想读取的字节数据的地址执行一个伪写操作。在 AT24C02 应答之后,主器件重新发送起始信号和从器件地址,此时 R/W 位置"1",AT24C02 响应并发送应答信号,然后输出所要求的一个 8 位字节数据,主器件不发送应答信号但产生一个停止信号,如图 8.9 所示。

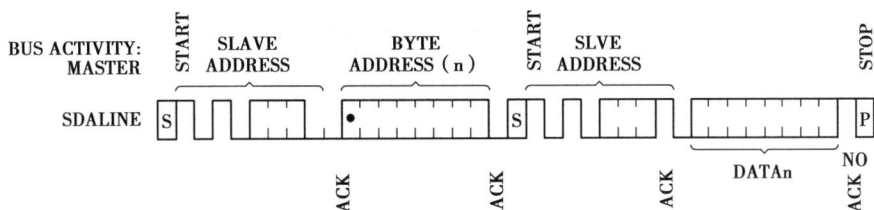

图 8.9 选择性读操作

三、实训电路

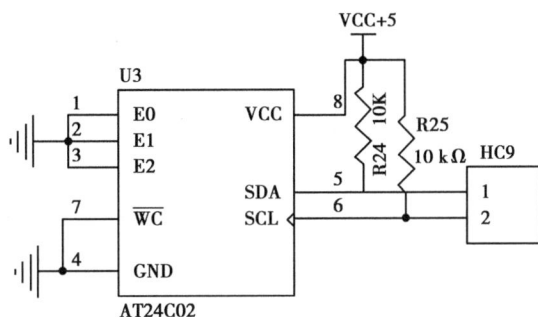

图 8.10 实训电路图

实训十八 AT24C02 应用

实训要求

通过向 AT24C02 写入 123,然后通过液晶 1602 显示。

实训分析

AT24C02 支持 I²C 总线数据传送协议,首先写出 I²C 总线时序函数。此时需要向 AT24C02 写入数据,所以根据 AT24C02 资料写出写入函数,然后需要读出写的数据,进而需要写一个任意字节的读函数,通过液晶显示。

程序设计

```
#include <reg51.h>
#define uint unsigned int
#define uchar unsigned char
sbit scl = P2^6;            //6
sbit sda = P2^7;            //5
sbit  rs = P2^0;
```

```
sbit    rw = P2^1;
sbit    e = P2^2;
//i2c 软件实现函数(5 个)
void i2_delay()                          //i2c 专用延时 4.7 μs
{
    volatile    uchar i;                 //volatile 防止编译软件优化
    i + +;
    i - -;
}
void start_ic()                          //启动起始信号
{
    sda = 1;
    scl = 1;                             //空闲
    i2_delay();
    sda = 0;
    i2_delay();
    scl = 0;                             //表示有数据
}
void send_8bit_ic(uchar d)               //主机发送 8BIT 到 I²C 从器件高位先发
{
    uchar i;
    for(i = 0;i < 8;i + +)
    {
    scl = 0;
    if(d&0x80)    sda = 1;
    else             sda = 0;
    scl = 1;
    d < < = 1;
    }
}
void wait_ack()                          //等待从机应答
{
    uchar i;
    scl = 0;
    sda = 1;                             //发送应答位
    scl = 1;
    while(sda = = 1)                     //等待从机应答(拉低数据线)
    {
        i + +;
```

```
        if(i > =200)                //为了跳出死循环
        {
            break;
        }
    }
    scl =0;                         //结束应答了
}
void i2c_stop()                     //停止信号
{
    sda =0;
    scl =1;
    i2_delay();                     //延时 4.7 μs
    sda =1;
}
uchar receive_8bit()                //收从机发回的 8 位
{
    uchar d,i;
    for(i =0;i <8;i + +)
    {
        scl =1;                     //数据就出来了
        d < < =1;
        if(sda = =1)
        d| =0x01;
        scl =0;
    }
    return d;
}
//24c02 的实现函数
void write_24c02(uchar add,uchar d)     //把 d 写入 24c02 的 add 处
{
    start_ic();
    send_8bit_ic(0xa0);
    wait_ack();
    send_8bit_ic(add);
    wait_ack();
    send_8bit_ic(d);
    wait_ack();
    i2c_stop();
}
```

```
uchar read_24c02(uchar add)        //读出 24C02 的 add 处的数据
{
    uchar d;
    start_ic();
    send_8bit_ic(0xa0);
    wait_ack();
    send_8bit_ic(add);
    wait_ack();
    start_ic();
    send_8bit_ic(0xa1);
    wait_ack();
    d = receive_8bit();
    i2c_stop();
    return d;
}
void write_cmd(uchar cmd)
{
    uint t = 200;
    rs = 0;
    rw = 0;
    P0 = cmd;
    e = 1;
    while(t - -);
    e = 0;
}
void write_dat(uchar da)
{
    uint t = 200;
    rs = 1;
    rw = 0;
    P0 = da;
    e = 1;
    while(t - -);
    e = 0;
}
void LCD_drive(bit x, uchar d)
{

    if(x = = 0)   write_cmd(d);
```

```
    else        write_dat(d);
}
void show_data(uchar add,uchar x)
{
    LCD_drive(0,add);
    LCD_drive(1,x/100+48);
    LCD_drive(1,x%100/10+48);
    LCD_drive(1,x%10+48);
}
void LCD_Init()
{
    uint x=10000;
    LCD_drive(0,0x38);
    LCD_drive(0,0x0c);
    LCD_drive(0,0x06);
    LCD_drive(0,0x01);
    while(x--);
}
void show_string(uchar add,uchar *p)
{
    LCD_drive(0,add);
    while(*p!=0)                //地址里面的内容是否为0
      {
        LCD_drive(1,*p);
        p++;
      }
}
void delay(uint t)
{
    while(t--);
}
void main()
{
    uchar d;
    e=0;
    LCD_Init();
    show_string(0x80,"24c02");
    write_24c02(21,123);       //此数不能超过255,把123存储到21号地址
    delay(10000);
```

```
    d = read_24c02(21);              // 读出 21 号地址
    show_data(0xc0,d);
    while(1)
    {

    }
}
```

实训现象

液晶第一行显示字符"24C02"字样,第二行显示"123"。

程序解释

```
①start_ic();
  send_8bit_ic(0xa0);
  wait_ack();
  send_8bit_ic(add);
  wait_ack();
  send_8bit_ic(d);
  wait_ack();
  i2c_stop();
```

启动信号—发送 8 位控制字 0xa0—等待应答信号—发送 8 位地址—再次等待应答信号—发送 8 位数据—等待应答信号—停止信号。

```
②uchar read_24c02(uchar add)
{
  uchar d;
  start_ic();
  send_8bit_ic(0xa0);
  wait_ack();
  send_8bit_ic(add);
  wait_ack();
  start_ic();
  send_8bit_ic(0xa1);
  wait_ack();
  d = receive_8bit();
  i2c_stop();
  return d;
}
```

启动信号—发送 8 位控制字 0xa0—等待应答信号—发送 8 位地址—等待应答信号—启动信号—发送 8 位控制字 0xa1—等待应答信号—接收 8 位数据—停止信号。

思考题

1. I²C 总线设备通信的方法有哪些?
2. I²C 总线采用什么线制,分别是什么?
3. 简述 I²C 总线的特点。
4. I²C 总线的通信规约是什么?
5. AT24C02 芯片有几个引脚,分别有什么作用?

参考文献

［1］余锡存,曹国华.单片机原理及接口技术［M］.3 版.西安:西安电子科技大学出版社,2014.

［2］刘守义.单片机应用技术［M］.2 版.西安:西安电子科技大学出版社,2007.

［3］郭天祥.新概念 51 单片机 C 语言教程——入门、提高、开发、拓展全攻略［M］.2 版.北京:电子工业出版社,2018.

［4］徐玮,徐富军,沈建良.C51 单片机高效入门［M］.北京:机械工业出版社,2007.

［5］谭浩强.C 程序设计［M］.5 版.北京:清华大学出版社,2017.

［6］张毅刚,彭喜元,姜守达,等.新编 MCS-51 单片机应用设计［M］.3 版.哈尔滨:哈尔滨工业大学出版社,2017.

［7］张志良.单片机应用原理与控制技术［M］.2 版.北京:机械工业出版社,2011.

［8］傅扬烈.单片机应用原理与应用教程［M］.北京:电子工业出版社,2002.

［9］马忠梅,王美刚,孙娟,等.单片机的 C 语言应用程序设计［M］.5 版.北京:北京航空航天大学出版社,2013.